如果你认为自己对生物之间的关系有所了解，再想想真的如此吗？伊利斯·戈特利布创造了一个藏珍阁，里面囊括了自然界中各种令人诧异的伙伴关系。每一页都让我有所收获——诙谐的“要点”让我捧腹大笑。任何一个热爱大自然的人，都会爱上这本迷人而富有启发性的书。

——珍妮弗·阿克曼（JENNIFER ACKERMAN）,《鸟类的天赋》（*Genius of Birds*）的作者

自然界中谁对谁做了些什么，本书对此进行了引人入胜、古怪有趣的探索。伊利斯·戈特利布的那些怪诞神奇的插画和诙谐幽默的文字相得益彰，这也和她所描述的生物关系一样让人耳目一新。令人愉快的阅读体验！

——托尔·汉森（THOR HANSON）,《种子的胜利》（*The Triumph of Seeds*）的作者

这本插画精美、幽默诙谐、富有启发性的书提醒我们，世界上没有一种生物是真正孤独的（无论是好还是坏）。读完这本书后，我对万事万物之间的相互联系产生了新的好奇。

——左久川由美（YUMI SACUGAWA）,
《冥想其实很简单》（*There Is No Right Way to Meditate*）的作者

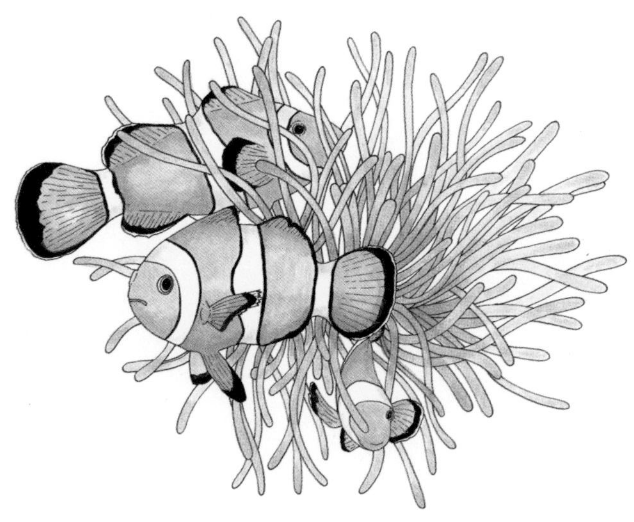

Natural Attraction

大自然共生的秘密

[美] 伊利斯·戈特利布 著绘
王敏 译

一本关于
动物、植物、微生物之间
共生共处的科普图鉴

未小读
UnRead Kids

贵州出版集团
贵州人民出版社

大自然共生的秘密

〔美〕伊利斯·戈特利布 著绘

王敏 译

图书在版编目（CIP）数据

大自然共生的秘密 /（美）伊利斯·戈特利布著绘；王敏译. -- 贵阳：贵州人民出版社，2020.8

ISBN 978-7-221-16027-0

Ⅰ. ①大… Ⅱ. ①伊… ②王… Ⅲ. ①共生－普及读物 Ⅳ. ① Q143-49

中国版本图书馆 CIP 数据核字 (2020) 第 108172 号

NATURAL ATTRACTION

by Iris Gottlieb

贵州省版权局著作权合同登记号 图字：22-2020-102 号

选题策划 联合天际
特约编辑 毕 婷
责任编辑 张 薇
装帧设计 浦江悦

出　　版 贵州出版集团 贵州人民出版社
发　　行 未读（天津）文化传媒有限公司
地　　址 贵州省贵阳市观山湖区会展东路 SOHO 公寓 A 座
邮　　编 550081
电　　话 0851-86820345
网　　址 http://www.gzpg.com.cn
印　　刷 雅迪云印（天津）科技有限公司
经　　销 新华书店
字　　数 34 千字
开　　本 787 毫米 × 1092 毫米 1/24 6 印张
版　　次 2020 年 8 月第 1 版 2020 年 8 月第 1 次印刷
I S B N 978-7-221-16027-0
定　　价 88.00 元

未读CLUB
会员服务平台

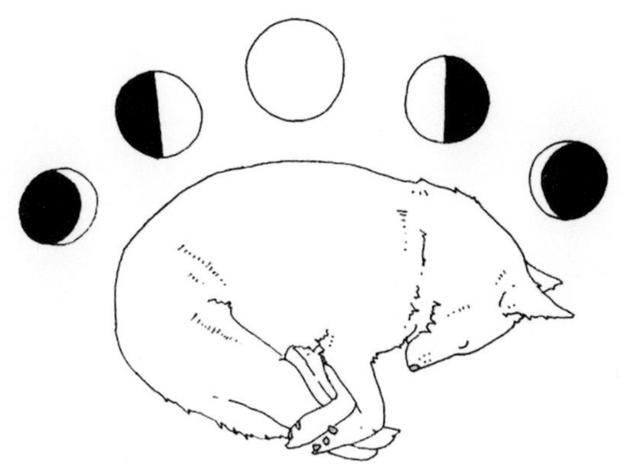

献给我的共生伙伴，小狗邦尼。

目录

第一章：朋友

（互利共生）

第二章：亦敌亦友

（偏利共生）

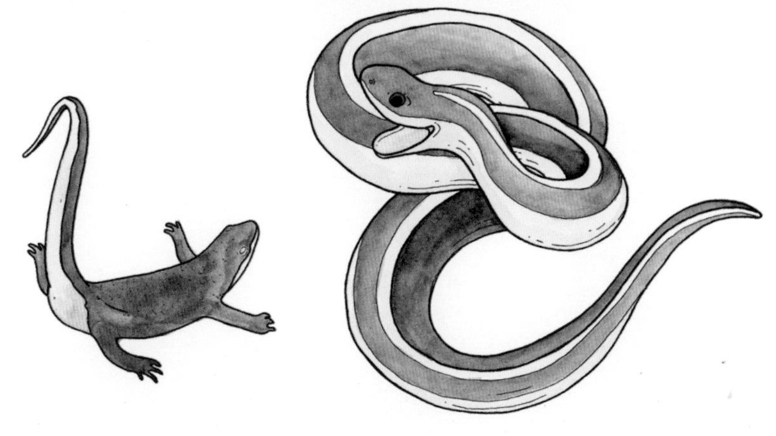

第三章：敌人

（寄生关系）

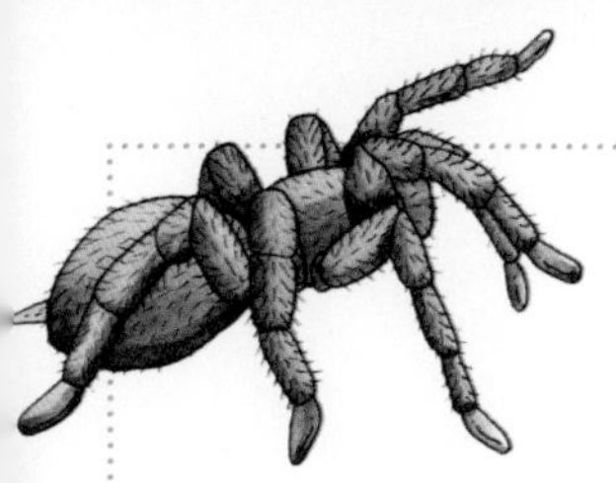

引言

最好的朋友、亦敌亦友、吃白食者、地痞恶霸、跟风者、马屁精、队友、室友、房东、邻居、破坏家庭者、合作者、骗子、操纵者、冷面无情的杀手……我们已经习惯了形形色色的人和各种人际关系。而动物之间的关系，也有可能像这样怪异、复杂。

事实上，动物之间以及动物和其他生物之间的关系有可能比人类还要诡异得多。通观整个自然界，哺乳动物、爬行动物、植物、昆虫、鱼类、藻类、真菌，还有细菌，它们纷纷和其他生物物种结成了非同一般的伙伴关系。宇宙中有关生物关系状态的最新信息，不足以涵盖动物之间自发形成的精妙绝伦的关系纽带：狼蛛和青蛙结成了室友，鱼和海鳝为了捕猎跳起了舞，挤蚜虫“奶”的蚂蚁农场。本书将介绍这些五花八门、奇奇怪怪的各种生物和组合关系。

有时，生物之间这些奇怪的关系对双方都有好处。例如，鲜花引来了各种昆虫和鸟儿，昆虫和鸟儿帮忙传播花粉和种子，使得植物能够顺利繁殖。同样，这样的安排也使昆虫和鸟儿能无忧无虑地终生享用免费大餐。

有时，生物之间的关系似乎对某一方更有利。比如，在黄蜂群附近筑巢以躲避捕食者的鸟类。

有时，一种生物的生存，建立在危害另一种生物的基础上。比如，有的甲虫将卵产在森林中的松树里，从而给这些松树招来了厄运。又如，有一种真菌通过将一些昆虫变成“僵尸”，来实现自身的繁殖。

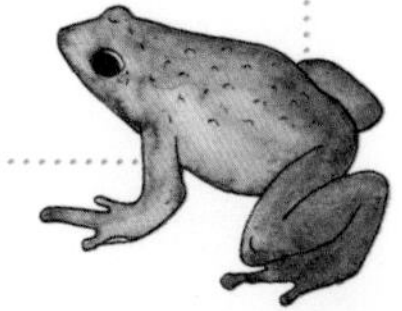

无论是谁占了上风，所有这些关系都被称为生物共生关系：两种或多种生物的生活紧密相连、密切相关——无论是好还是坏。

在推动和塑造生物进化方面，生物间的共生关系起到了巨大作用。不同生物相互回应、进化演变，以满足自己的生存需要。在某些情况下，它们甚至进化出了一些古怪的特征（如模仿鱼儿舌头的甲壳动物、盗用其他生物身份的章鱼）。即便在一方死亡之后，这种共生关系仍然继续着。一条死去的鲸的尸体，能在随后的200年中，继续滋养海底的生物。一棵倒下的红杉，能给一代又一代的植物、真菌和动物提供一个营养丰富的美好家园。共生关系确实是构成整个生态系统的基石，如果这些生物之间的联系被破坏，整个生态系统就会崩溃。

没有任何人，也没有任何动物、植物或真菌是一座孤立的岛屿。这些奇怪而惊人的自然关系提醒着我们：所有的生命都是交织在一起的（关系状态：很复杂）。

我们需要彼此，尽管有时，我们也会吃了对方。

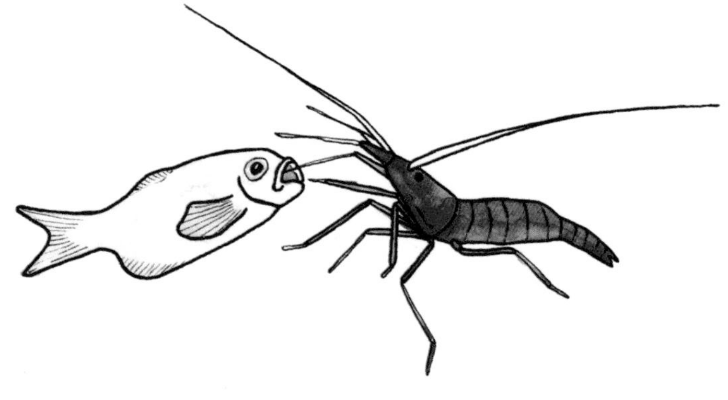

第一章

朋友

互利共生

互利共生（mutualism）是自然界中最值得庆祝的关系，这是一种最合作、最甜蜜的跨种群关系。你帮我挠挠背（或者帮我抓虱子，让我远离疾病），那么我就帮你挠挠背（或者保证让你吃得饱饱的）。大家都很高兴，这是一种互利共赢。

很多这样的互利关系，不仅对我们至关重要，而且发生在无形之间。比如，生活在我们肠道内的微生物，它们能帮助我们消化食物，同时它们也能获得营养和一个安全的生存空间；又如，真菌在土壤下的植物根系中找到了一个安全的避风港，同时它们也在帮助“植物主人”吸收营养物质和水分。

自然界有时是残酷的。诗人阿尔弗雷德·罗德·丁尼生（Alfred Lord Tennyson）曾描述，大自然长着“血淋淋的牙齿和爪子”。但生物之间的互利共生关系表明，大自然也可以是温柔和善的。

海洋中的洗车场

清洁虾和
真正干净的鱼

地点 世界各地的珊瑚礁

关系状态 无可挑剔。当脏兮兮的鱼看到清洁虾时，它们就会张开嘴巴，慢慢靠近清洁虾的清洁站。这是在向清洁虾示意，它们准备接受一番清洗。它们耐心地在海水中上下浮动，而清洁虾则大肆咀嚼着它们身上的污物。不少这样的“顾客”，乐意把清洁虾一口吞下。可是如果吃掉了清洁虾，还有谁能给它们提供这样重要的服务呢？这样的清洁是一种避免遭到捕食的保护机制。鱼儿甚至会让清洁虾打扫它们的口腔内部，这并不罕见。

与此同时，清洁虾也轻而易举地获得了食物，而无须到处觅食。它们经常待在一起，这是一种双赢。某些种类的清洁虾和海鳝，似乎对这样的关系满意极了，它们甚至选择一起生活，在同一片裂缝中安家落户。

要点 不要吃掉帮你打扫卫生的小虾米。

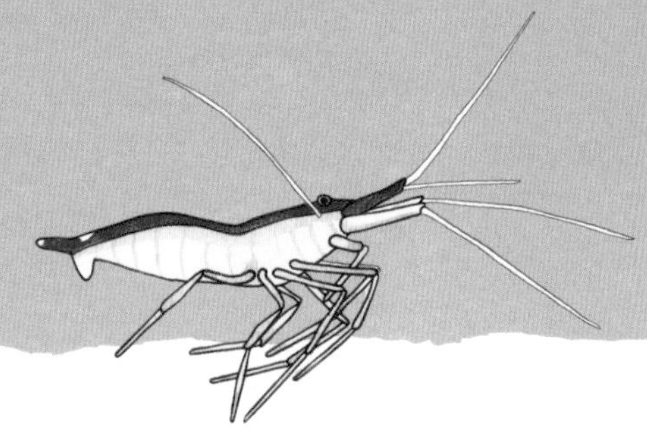

真正干净的鱼 鱼儿也需要洗澡，这听上去很奇怪——毕竟它们就生活在一个超大的浴缸里，但它们的确需要定期清洁身体。扁形虫、线虫和爬虫——这些寄生虫，还有更多别的虫子会让鱼儿生病，或者会缩短它们的寿命。

清洁虾（包括多个种类）是一类小型甲壳纲动物，它们会啄下鱼类——鳗鱼、鳐鱼，海绵及其他海洋生物身上的小片杂物、死鳞片和寄生虫。这些挑剔的动物，常常会在“清洁站”——礁石顶部的“洗车场”设立摊位，吸引顾客前往。它们承诺，会把顾客们打扮得漂漂亮亮的。黄嘴清洁虾甚至还会左右摇摆身体，吸引潜在的客户。

穴居狼蛛 这种硕大、多毛、有毒的蜘蛛会快速发起伏击，使用尖锐的螯肢拿下比它们大一倍的猎物。狼蛛是地球上最大的蜘蛛——有的狼蛛能长到约25厘米宽，寿命长达25年之久，想想就让人毛骨悚然。在白天最热的时候，穴居狼蛛藏身在地下、角落或树洞的巢穴里，到晚上就外出捕食。它们的身体上覆盖着敏感的体毛。它们利用这些体毛，感知周围动物的各种振动和化学特征。尽管它们体态笨重，但它们行动起来悄无声息，偷偷摸摸、鬼鬼祟祟的，然后迅速扑向它们的猎物——主要包括各种昆虫、其他的蜘蛛、蛇、蜥蜴和青蛙。

（审者注：这些大型蜘蛛有时也被称为捕鸟蛛。）

圆点鸣蛙 属于姬蛙科，是一种体形极小，窄口，皮肤粗糙，全身布满棕黑色斑点的蛙。它们主要在夜间活动，生活在低海拔的沼泽地、潮湿的森林和淡水沼泽中。

不可能的室友

穴居狼蛛和圆点鸣蛙

地点 秘鲁东南部、亚洲东南部和美国中南部

关系状态 在无可挑剔的巢穴中共栖。对大多数两栖动物来说，狼蛛太恐怖了。但当狼蛛扑到圆点鸣蛙身上时，它们立刻变成了傻大个：狼蛛会用它们的口器查探圆点鸣蛙，然后毫发无损地放了它们。科学家们怀疑，这种圆点鸣蛙的皮肤中含有某种化学物质，这种物质告诉狼蛛：对方是朋友，不是猎物。为了验证这一假设，有一位科学家将圆点鸣蛙的皮肤覆盖在其他种类的青蛙身上，然后诱使狼蛛袭击它们（希望永远不要遇到这个给青蛙剥皮的科学家）。他的猜测没错：狼蛛放走了它们。

这些圆点鸣蛙还和狼蛛共享一个巢穴。这对貌似不可能的共栖伙伴，一起在巢穴中等待白天的热浪过去，它们甚至还并排产卵。人们有时能看到，在夜间捕食的时候，这种青蛙直接倒挂在狼蛛的身体下，把狼蛛当成了多毛的保镖。狼蛛保护着它们，给它们提供庇护所和食物。圆点鸣蛙用狼蛛吃剩的残羹冷炙喂小蝌蚪，并用这些剩菜剩饭引来的小昆虫填饱自己的肚子。狼蛛也能从这样的安排中受益：圆点鸣蛙喜欢吃蚂蚁，而蚂蚁喜欢吃狼蛛的卵。但是蚂蚁的个头太小，身手太敏捷，因此狼蛛逮不住它们。

要点 和恶霸交朋友。

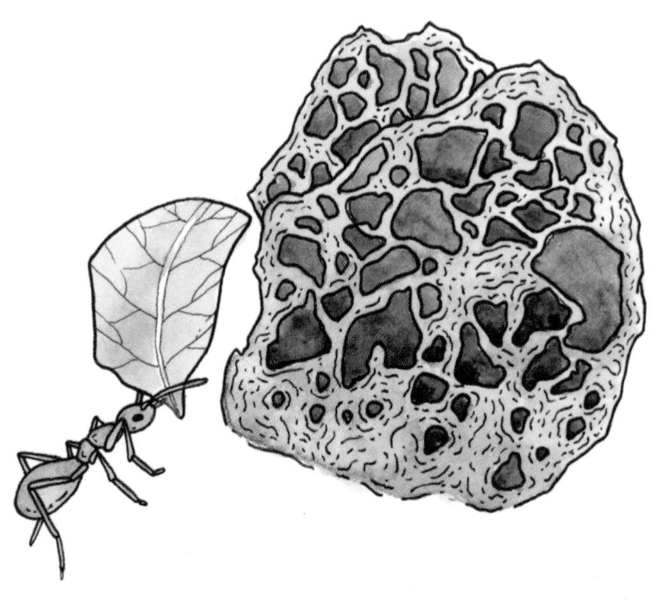

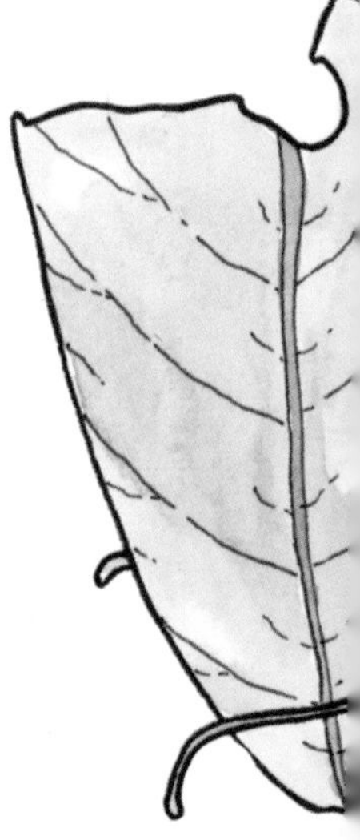

环柄菇科真菌 5000多万年来，切叶蚁学会了培养环柄菇科中的一种特殊真菌。这种真菌的生理结构已经做出了适应性改变，因而能为切叶蚁提供尽可能多的营养物质。这种真菌会长出膨胀的尖端，里面充满蚂蚁生存所需的营养物质。切叶蚁会搬来并嚼碎植株残体，在这个植株残体构成的“苗圃”中培养出这种真菌。这种以腐烂的物质为食的真菌，既给切叶蚁提供了食物，也在森林生态系统中扮演着分解者这一重要角色。当蚁后离开自己的族群、繁殖新的蚁群时，它会随身带走一片真菌，营造自己新的菌圃。

农场之恋

切叶蚁和环柄菇科真菌

切叶蚁 切叶蚁建立了地球上最大的动物社会，其规模仅次于人类社会。在一个直径超过约60米、各个地下隧道和房间延展超过约7.6米的大型蚁丘中，生活着多达800万只蚂蚁。切叶蚁会切下树叶、花朵、茎秆和草叶，将植物残体搬运回它们的栖息地，并将它们转变成食物。

切叶蚁分成不同阶层。蚁后产下成千上万的卵。小型工蚁在地下巢穴中负责孵卵和食物供应。中型工蚁在外面寻觅粮草，沿着“蚂蚁的高速公路”拖拽比它们的身体重很多倍的植物，将它们搬运回蚁穴。而大型工蚁负责保卫家园。它们的脑袋比最小的工蚁的整个身子还大，它们的颚部能切穿皮革。

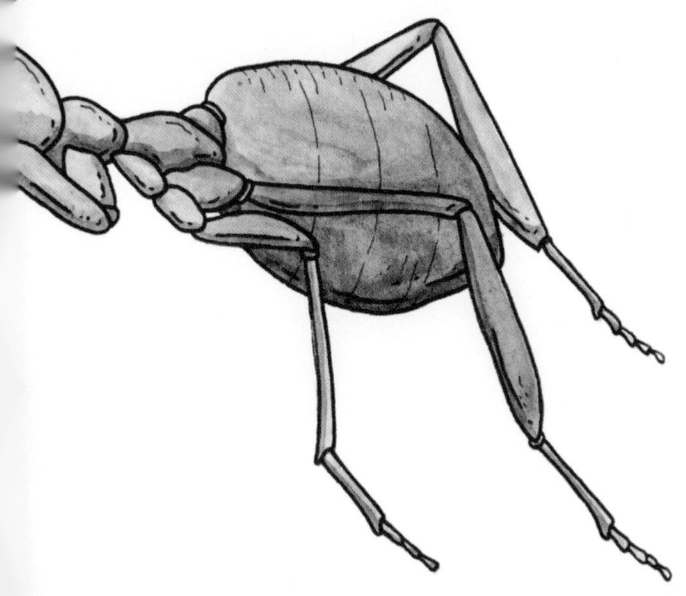

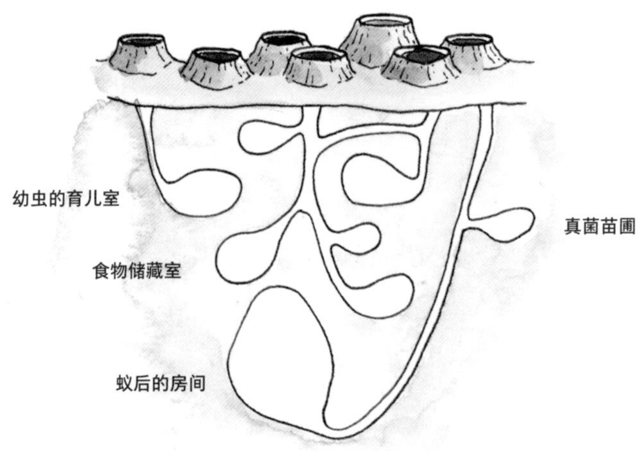

地点 南美洲和中美洲、墨西哥、美国南部

关系状态 精心培育。切叶蚁只吃真菌。在经历成百上千万年的演变之后，这种真菌能为切叶蚁提供一些关键、特殊的营养物质。真菌为蚂蚁付出，蚂蚁也给予真菌回报。在这种义务式的互利共生关系中，每个物种都需要对方才能生存。

除给真菌提供食物之外，切叶蚁也会维持真菌的健康，这是它们在另一种共生生物的帮助下做到的：这是一种细菌，存在于切叶蚁的腺体中。它们起到了抗菌剂的作用，能阻止霉菌危害真菌的健康。

要点 我们之中有真菌侵入，真的。

雌蚁
（具有生育能力的雌蚁受精、蜕翅、产卵后成为蚁后）

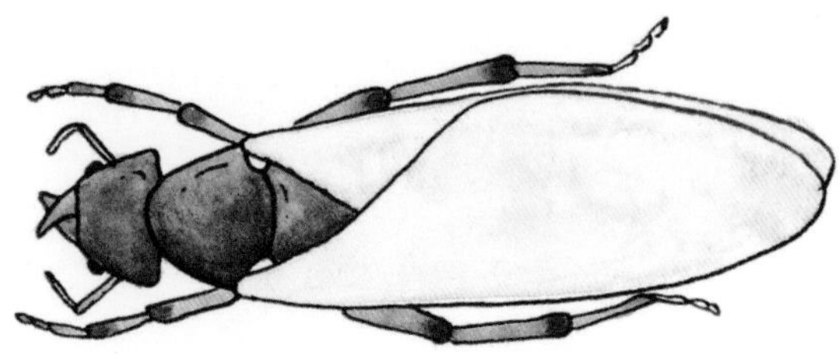

雄蚁

大工蚁

小工蚁

可爱的友谊

非洲獴和普通疣猪

地点 非洲撒哈拉沙漠以南地区的草原、树林和稀树草原

关系状态 毫无保留。疣猪能不费吹灰之力地弄残非洲獴。但疣猪深受壁虱之害，而非洲獴最喜欢吃的就是壁虱。鱼能容忍小虾帮它们清洁打扫，与此类似，普通疣猪也能容忍小小的非洲獴爬满它们的全身，大吃壁虱，因为除此之外，它们无法除掉这些该死的壁虱。当一整个非洲獴家庭倾巢而出、爬满疣猪全身时，疣猪甚至会趴在地上、翻身侧躺下来。盛宴结束之后，非洲獴就会飞快跑开，而疣猪也会迅速站起来，继续它们的日常生活。

要点 你帮我挠挠背，我会乖乖躺着不动。

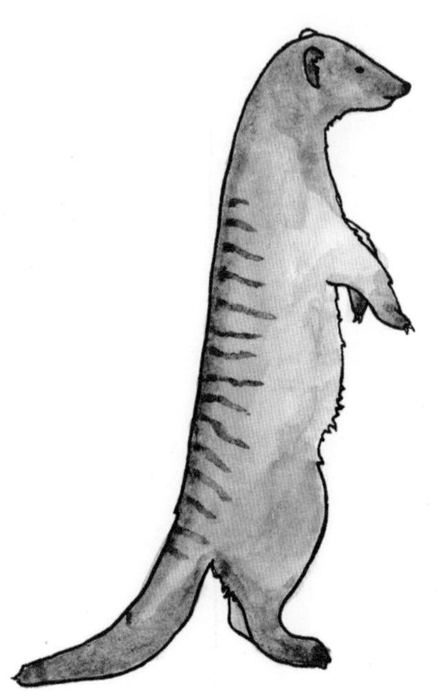

非洲獴 这些酷似鼬的哺乳动物，非常喜欢社交，也极其容易兴奋。它们成群生活，一群多达40只。它们睡在废弃的白蚁穴——它们的公共巢穴中，每隔一个星期左右搬一次家。非洲獴约有45厘米长，但只有几斤重。它们的躯干上覆盖着深色条纹的刚质皮毛。它们的主要食物是昆虫，但也会吃鸟蛋、小型爬行动物和哺乳动物。非洲獴妈妈会把它们刚出生的孩子安全地藏在地下的巢穴中，数周之后才允许它们出来，和大伙一起觅食嬉戏。同一个群体的其他成员，也会为照顾幼儿出一份力。

普通疣猪 非洲獴虽说丑了一些，但也有可爱之处。而普通疣猪却是一种长相古怪的野猪，它得名于从公疣猪面部两侧凸起的那两块疣状的肉团。这两块怪异的、凸出的肉团，能起到保护它们面部的作用，特别是当它们在草丛中翻找食物的时候。疣猪能长到200多斤重。总的来说，它们不是特别好斗，但它们的确长着尖尖的长牙，在它们认为有必要时，大长牙还是会造成一定的破坏（它们也用自己的长牙刨土）。

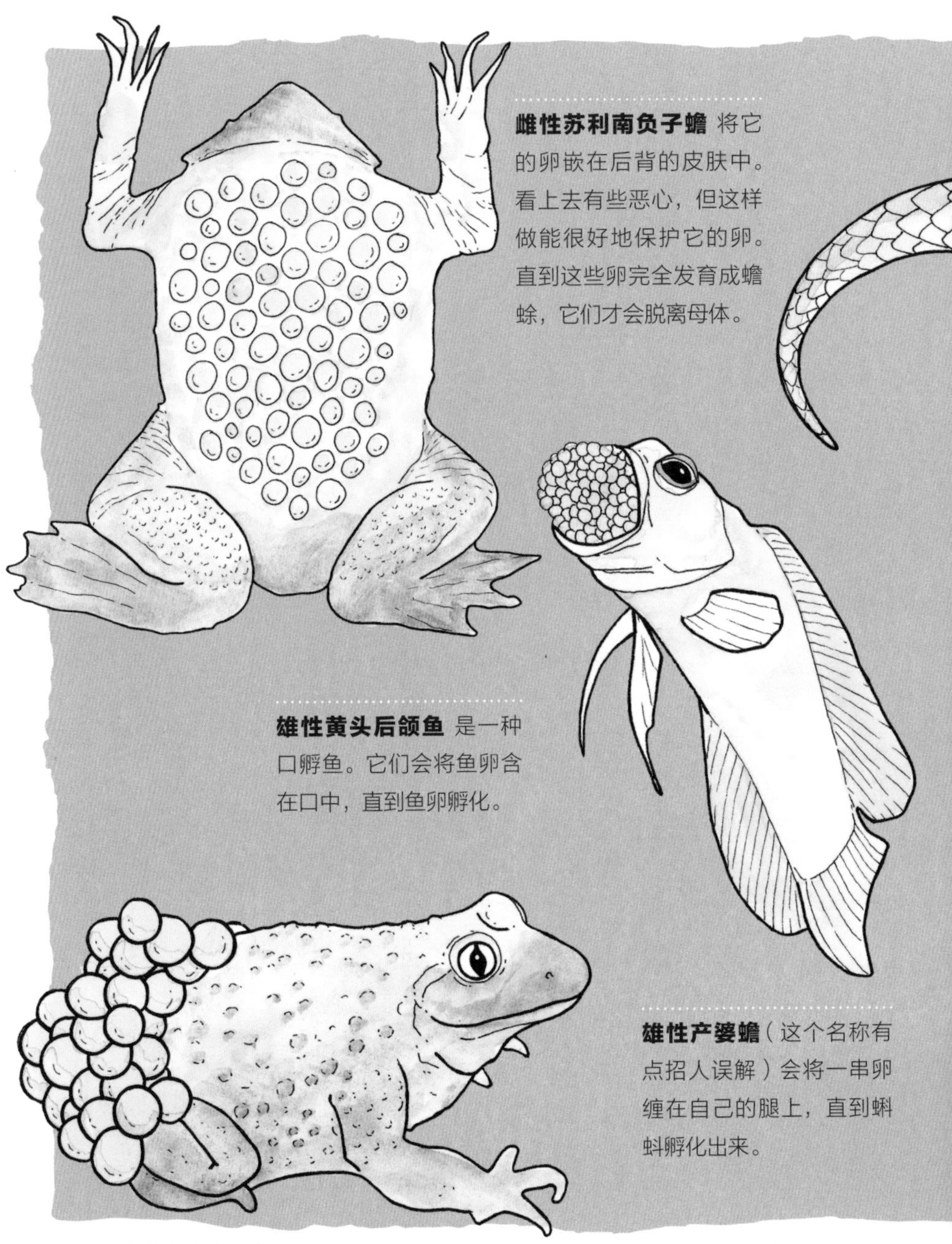

雌性苏利南负子蟾 将它的卵嵌在后背的皮肤中。看上去有些恶心，但这样做能很好地保护它的卵。直到这些卵完全发育成蟾蜍，它们才会脱离母体。

雄性黄头后颌鱼 是一种口孵鱼。它们会将鱼卵含在口中，直到鱼卵孵化。

雄性产婆蟾（这个名称有点招人误解）会将一串卵缠在自己的腿上，直到蝌蚪孵化出来。

穿山甲 将身体蜷曲起来，酷似一个松果（真是太神奇了）。在年幼时，它们爱骑在妈妈的背上。

话题

传统育儿术

蝎子 初生的小蝎子会爬在妈妈的背上，以得到保护和进行湿度调节。

郊狼 这种聪明的动物和狗有亲缘关系，它们几乎什么都吃，从青草到鱼类，从啮齿动物到家禽。郊狼精明机敏，适应能力强，遍布贯穿从北美洲到中美洲的巴拿马地区。它们生活在大草原、森林，甚至洛杉矶和纽约这样的大城市。这种犬科动物是短跑健将，时速可达64千米，而且它们还拥有一流的视力。郊狼经常在夜晚通过长嚎来互相交流，这种可爱、古怪的声音穿透了夜晚的黑暗。

美洲獾 这种矮壮结实的小动物，是鼬的远亲。它们的脑袋上长着类似臭鼬的条纹，全身覆盖着类似浣熊的皮毛。它们生活在地下洞穴里，拥有超级敏锐的听觉和嗅觉。美洲獾是惊人的挖掘高手，它们依靠自己尖利的爪子翻挖啮齿动物和野兔等动物，并以爪子在树木上摩擦的方式来保持锋利。

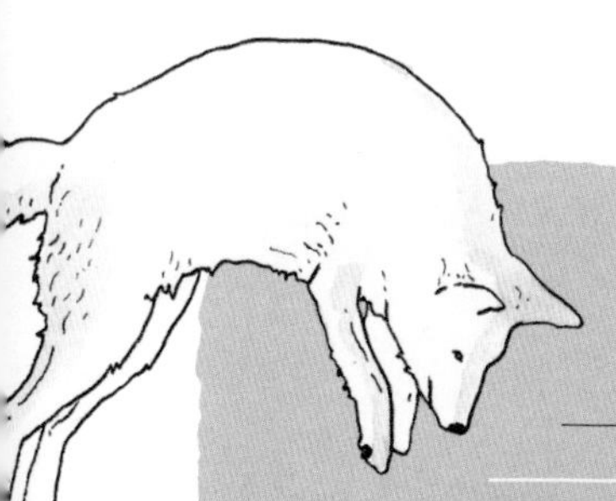

一对掠食的好伙伴

郊狼和美洲獾

地点 北美的草原

关系状态 合作者。郊狼和美洲獾所猎捕的动物，有很多种是相同的，但它们的猎食风格迥然不同。美洲獾从地下挖出啮齿动物，而郊狼则在露天追捕啮齿动物。因此它们合作组队，在同一片区域协同捕猎，并各自捕抓逃到它们附近的猎物。如果老鼠、松鼠或草原犬鼠躲在地下，或者这些小动物为了躲避郊狼而逃到地下，那么它们就会成为美洲獾的大餐。如果啮齿动物为了躲避美洲獾而钻出了洞口，郊狼就会大展身手，将它们擒获。虽然郊狼和美洲獾并不会分享彼此的美餐，但这样的合作关系对双方都有利。它们甚至会一起玩耍，在狩猎的间隙，它们会一起在大草原上奔跑嬉闹。

要点 在一起玩耍的掠食动物，也在一起打猎。

进餐的好搭档

蓝角马和斑马

地点 非洲南部和东部

关系状态 它们结伴同行，合成一群。每年，超过100万只蓝角马和斑马在塞伦盖蒂平原完成长达约2900千米的环线迁徙。它们一路追随着雨水的足迹，寻找食物和水源。这是一段痛苦的旅程：它们不得不穿越潜伏着鳄鱼的河流，忍受酷热和烈日，提防鬼鬼祟祟的捕食者。因此最重要的是，在一支混合的队伍中，它们彼此生存的概率会更大。蓝角马的嗅觉很灵敏，但它们的视力不佳。而斑马目光锐利，当它们发现食肉动物时，就会大声嘶鸣，发出警报。这两种动物在一起的话，就能在危险逼近时互相提醒。

斑马长着强有力的切牙，这为它们啃食长草提供了便利。而蓝角马的嘴巴很宽大，更适合啃食大量短草。因此这两种生物是完美的进餐搭档，它们一起统率着“光盘俱乐部”。

要点 数量多能带来安全感。

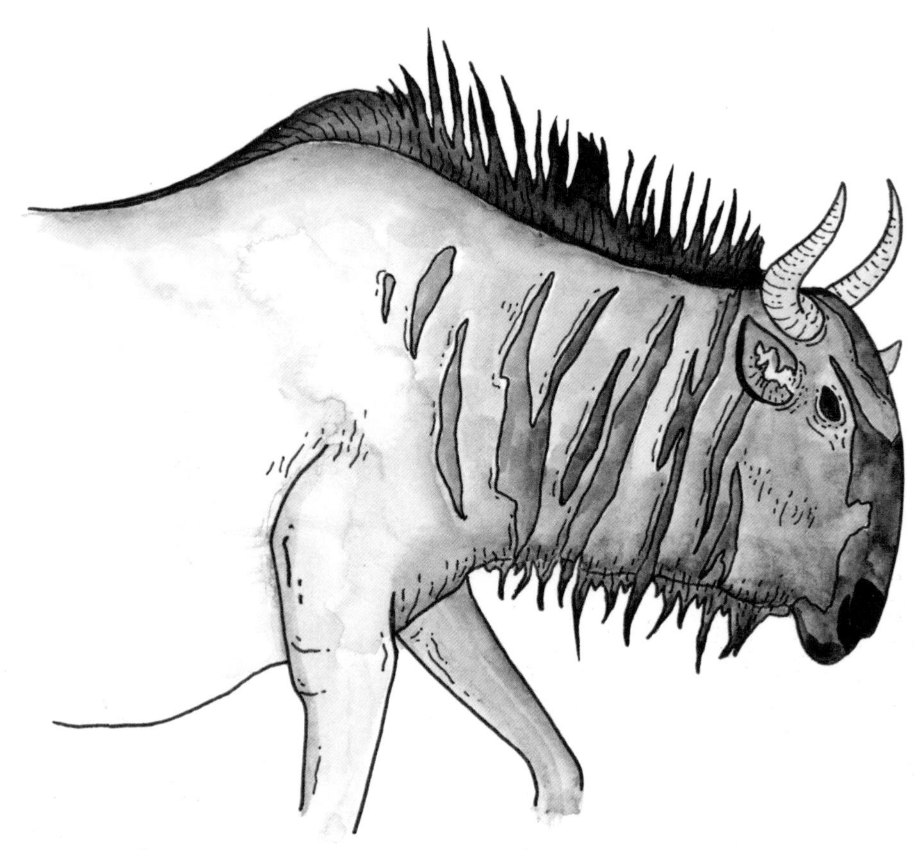

蓝角马 这种带着银灰和蓝灰色的羚羊，长着大大的羊角、桶状的胸部、四四方方的脸。它们能长到约2.4米高、重达500多斤。蓝角马也被称为“斑纹角马”。出于安全考虑，它们会集结成群行动。它们常常以80千米/时的速度奔跑，持续不停地寻找一个水坑。而它们正是在那些饮水的水坑附近，被它们主要的天敌如狮子、豹、鬣狗、猎豹、鳄鱼和非洲野犬盯上。

斑马 斑马是马和驴的表亲，是一种马科动物。它那毛茸茸的莫西干式发型，还有它那黑白相间的条纹，让它在一望无际的棕褐色草原上极其显眼，想要发现它们一点都不难。但科学家们怀疑，斑马身上那些明显的条纹，说不定也是一种伪装：这些醒目的条纹，制造了一种视觉错觉，既迷惑了大型食肉动物，也搅乱了那些传播疾病的蝇虫的视线。一些科学家还认为：每一匹斑马身上的条纹都是不一样的，这能帮助斑马个体在它们的社群中认出对方。

斑马是唯一未被驯化的马，这很可能是因为：当它们面临压力时就会紧张害怕，在遭到追逐时，它们通常会沿着“之”字形的路线奔跑。因此，让它们上赛马道，可不太理想。

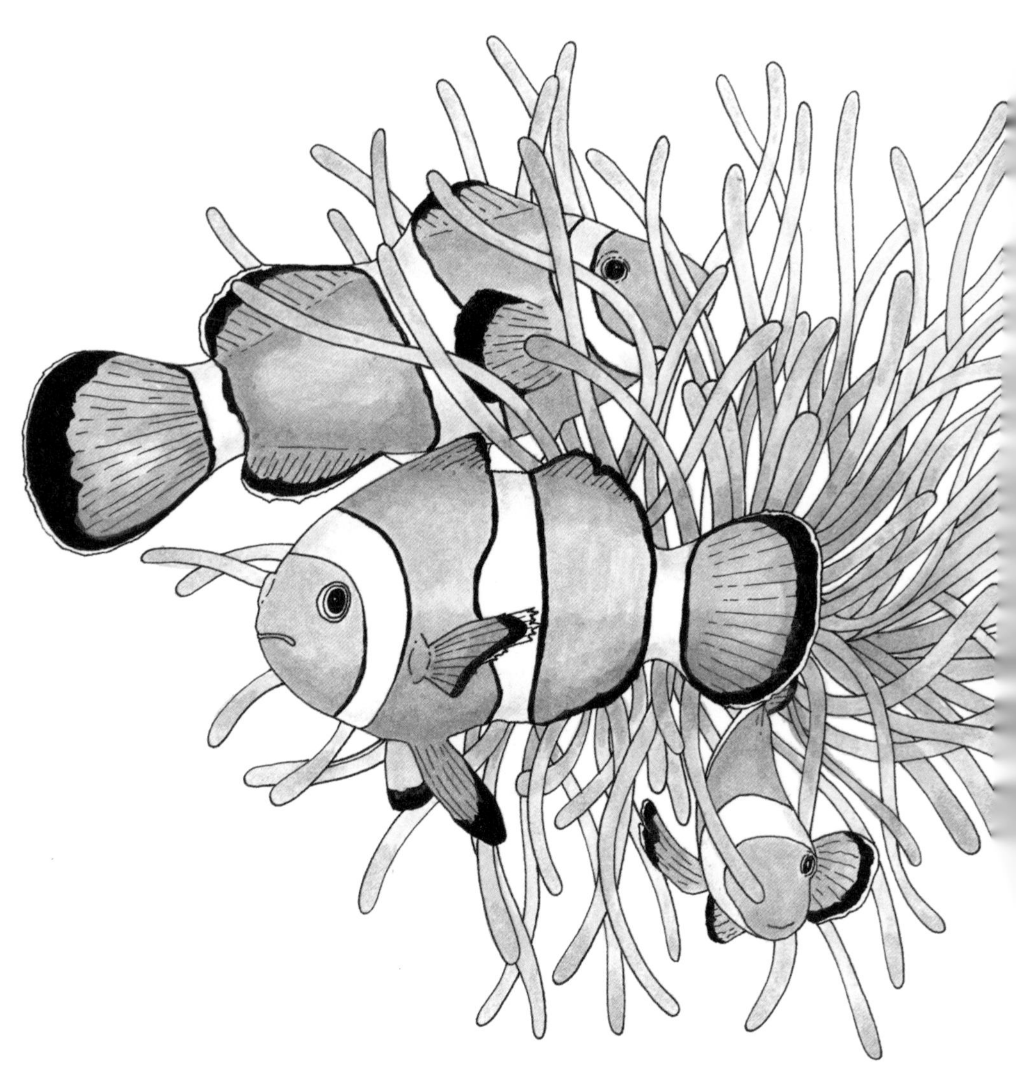

怪异的家族树

小丑鱼和海葵

地点 印度洋和太平洋温暖的浅水中

关系状态 关系和睦的房东和房客。小丑鱼应该感谢它体表的那层黏液。有了那层黏液，它就不用担心自己最终会被海葵的消化腔溶解了。这层黏液使小丑鱼能在海葵有毒的触须中存活，而这里正是躲避掠食者的安全地带。因为那些掠食者无法抵挡海葵的毒素,一旦中招只有死路一条。海葵给小丑鱼提供了一个安全的港湾。

尽管世界上有数以千计种海葵，但只有少数种类的海葵和小丑鱼结成了亲密伙伴。这能给海葵带来什么好处吗？在凶险的大海中，海葵给小丑鱼提供了一个温馨的家。而作为交换，小丑鱼帮海葵觅食：小丑鱼帮海葵引诱其他饥肠辘辘、忙着觅食的鱼。此外，小丑鱼的游动，让空气进入这片水域，使附近的水中充满了新鲜的氧气。这使海葵能在一些原本无法生存的海域中活下来。海葵还能把小丑鱼的排泄物当成可口的零食。

要点 亲近你的朋友，也要亲近所有人的敌人。

小丑鱼 这些可爱伶俐、左右摇摆的鱼儿，以其身上橙白相间的鲜艳色彩而闻名。它们以家庭为单位，过着群居生活。一个小丑鱼家庭由一条参与交配的大雌鱼、一条参与交配的大雄鱼以及很多体形较小、不参与交配的雄鱼组成。

雌性小丑鱼会在满月时产卵。奇怪的是：如果正在繁殖期的雌性小丑鱼死了，它的雄性伴侣会迅速改变性别，替代它的角色。随后，小丑鱼家族中的一条体形较小的雄鱼就会迅速长大，并长出繁殖器官，成为参与繁殖的雄鱼。其他小丑鱼的地位也会晋升一级，但它们仍然个子小小的，也不进行繁殖，以免扰乱它们群体内的等级制度。这种现象称为"阶段性雌雄同体"。对于鱼类来说，这样的进化发展过程很常见。

所有的小丑鱼——无论它们处于交配顺序中的哪一层级，在它们的小丑装表面都覆盖着同一样东西：一层黏液。这听上去似乎没什么特别之处，但这层黏液正是小丑鱼极为关键的生存策略。

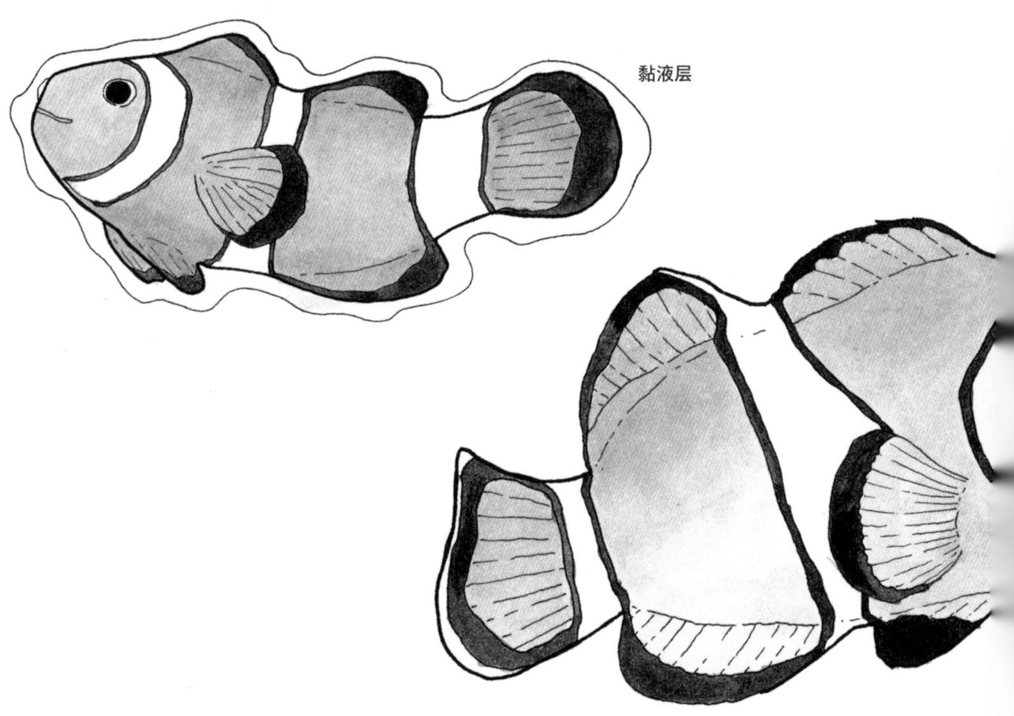

海葵 作为水母和珊瑚虫的远亲，海葵是一种美丽动人、半透明的、长着触须的生物。它们的外形就像海洋中的奇形怪状的花朵，在水流间不断摇摆、舞动着。绝大多数的海葵终生黏附在一块岩石上，静静地等待着，伺机蜇咬并吃掉从它们身旁经过的小鱼。海葵的触须一碰到猎物就会释放出毒素，使猎物动弹不得。这些触须环绕在外形骇人的口盘周围，而海葵的口盘通向充满消化液的消化腔，也就是海葵的胃部。

一起捕食的好伙伴

海鳝和蠕线鳃棘鲈

地点 印度洋和太平洋的珊瑚礁

关系状态 令人恐惧的团队合作。很少有鱼类会和其他物种合作捕食猎物。但海鳝和蠕线鳃棘鲈会这样做。在开阔的水域中，遇到蠕线鳃棘鲈是致命的，它们的杀伤力极强。而海鳝负责偷偷溜到狭窄的水域中，把藏身在那儿的生物驱赶出来。在这种情况下，合作就成了一件危险的武器。

为了通知海鳝附近有猎物，蠕线鳃棘鲈会找到一条海鳝，然后在它面前使劲晃动自己的身体。这是一种无声的行动号召。随后，蠕线鳃棘鲈会在凶多吉少的猎物附近倒立起来，告知海鳝猎物的具体位置，就像人类用手指指明方向一样。如果海鳝仍然显得无动于衷，蠕线鳃棘鲈有时会孤注一掷。它们会游向那条海鳝，试图强行将它推向它们共同的猎物。有的海鳝会乐意组队，但有的海鳝宁愿自己独自待着。

蠕线鳃棘鲈和海鳝不会一起分享食物，它们只吃各自猎杀的猎物。但既然它们合作时比自己单独行动时捕杀的猎物更多，那么这种合作对大家都很有用（当然，除那些被吃掉的猎物之外）。

要点 无处可藏。

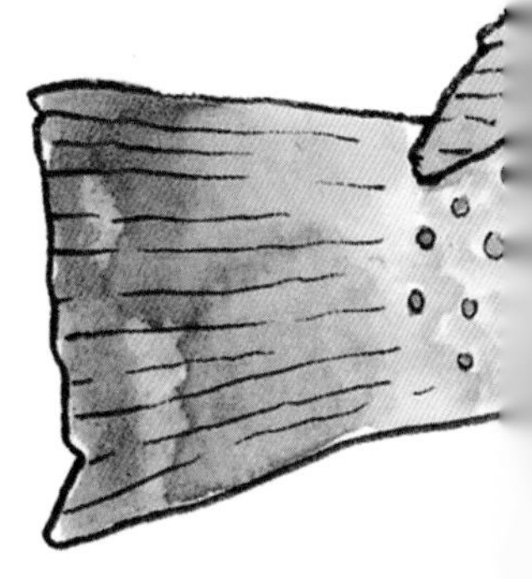

蠕线鳃棘鲈 长着斑点、独居的、橙红色的蠕线鳃棘鲈，生活在太平洋的珊瑚礁附近，它们能长到近1.2米长。蠕线鳃棘鲈通常在黄昏时分捕猎，它们在开阔的水域中飞快游弋，用强大的吸力将小鱼和甲壳动物吸入它们的大嘴中，然后囫囵吞下。

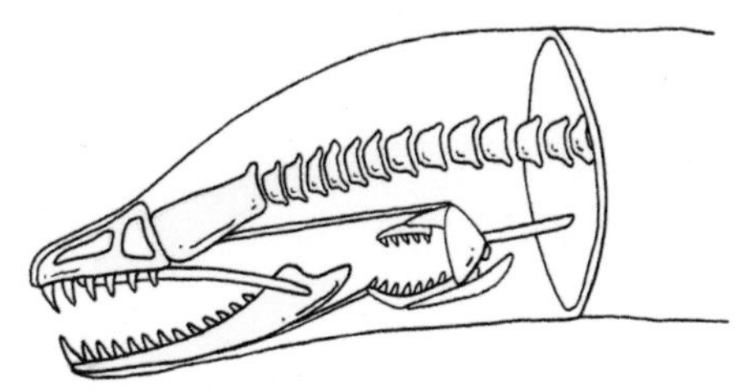

海鳝 这种长长的、黏糊糊的、鬼鬼祟祟的生物，通常会凶狠地露出牙齿。它们生活在海礁、岩石附近与海底的裂缝中和凹陷地带，能长到约3米长。它们拥有两对长满锋利牙齿的上下颚：一对位于口腔中，还有一对位于它们喉咙后方，上面长有后钩状的牙齿。这后一对牙齿能前后移动来约束猎物（就像那些让你只能单向驾驶的道钉）。一旦海鳝咬住了猎物，它们几乎从不松口。即便在它们死到临头的时候，也会紧紧咬住猎物。必须撬开它们的嘴，可怜的受害者——小鱼、乌贼、甲壳纲动物、不幸误把手伸进海鳝藏身洞中的深海潜水者才能脱身而出。

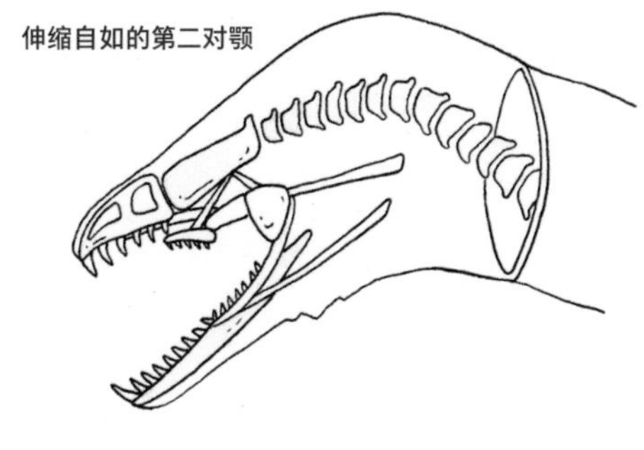

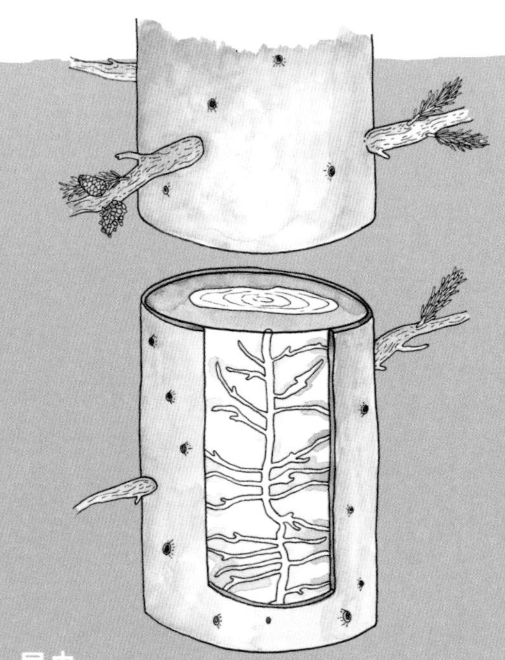

植物

绞杀榕 是世界上复仇心最强的植物之一，它们以惊人的生长速度将柔韧的卷须缠绕在树木周围，逐渐侵占宝贵的阳光地带。随着绞杀榕的藤蔓越长越粗、越长越高，它下面的树木最终将窒息而亡，并且逐渐分解，只留下一个空心管坯——由绞杀榕逐渐变硬的外层藤蔓构成的空心外壳。

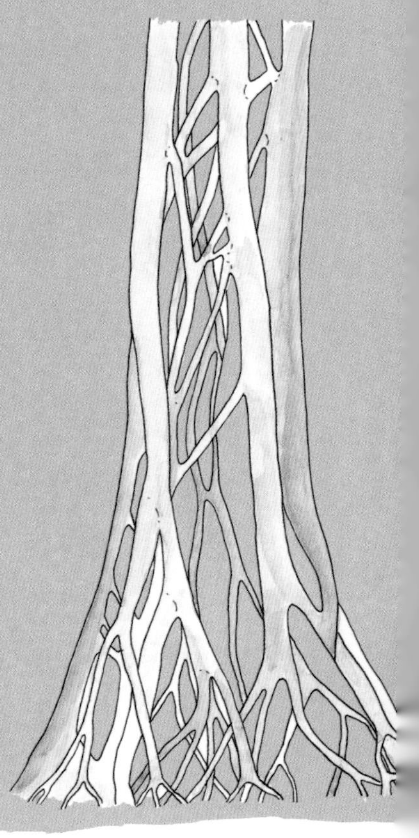

昆虫

中欧山松大小蠹 是一片森林的噩梦。它们通常会以一棵较老或较弱的松树作为入侵和掠食对象，然后在树皮上钻洞。在割开树脂道后，雌性蠹虫会在那儿产卵。幼虫孵化出来后，就会啃食松木。这些蠹虫会释放出一种信息素，吸引其他的蠹虫靠近。松树也会做出反抗，从细胞中释放出有毒的化学物质，杀死蠹虫——如果侵入的蠹虫数量不多的话。但失去了保护性的树脂后，松树的防御能力就会变弱。不需要多少蠹虫，就足以征服、侵占一棵大树。中欧山松大小蠹还携带着一种淡蓝色的真菌。蠹虫的幼虫食用这种真菌以补充维生素，这有助于增强下一代入侵者的体质。

话题

爱心太足的生物

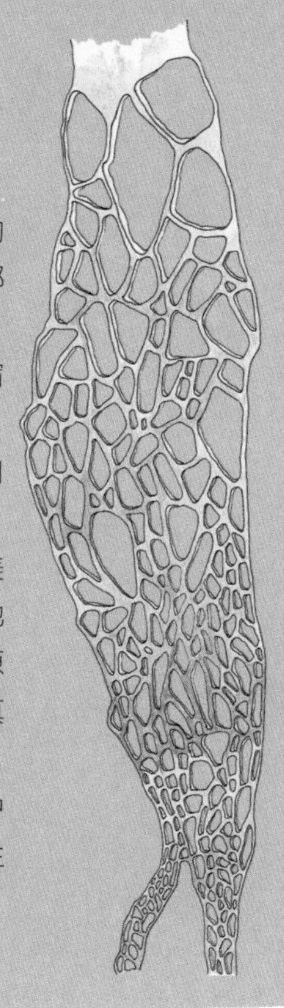

真菌

蜜环菌 是地球上最大的生物体，但人们几乎看不到它的踪影。这种真菌在地下生长，沿路杀死其所经之处的全部植物。史上有记录以来最大的蜜环菌单体绵延约4千米，在美国俄勒冈的蓝山山脉中。绝大多数寄生生物都需要宿主好好活着，这样它们自己才能生存下来。蜜环菌却不同，它是生物世界中的分解者，它通过摧毁其他生物来实现自身的繁衍生息。

地衣 并不是一个单一的有机体，而是藻类和真菌的完美共生体。它非常成功，覆盖了地球表面上约60%的陆地面积，在几乎所有生物群落，包括苔原中都能生存。苔原中的地衣是驯鹿冬季的主要食物。藻类通过光合作用为真菌提供养分，而真菌从周围的环境中吸收水分和营养物质，提供给共生的藻类。此外，真菌还为藻类提供了生存其中的稳定结构。地衣是由最古老、最多产的农夫——真菌生产的作物。

鲸豚宝宝
海豚爸爸
伪虎鲸妈妈

一对老夫老妻

宽吻海豚和伪虎鲸

地点 热带海洋水域

关系类型 黏在一起。尽管伪虎鲸是少数几种会捕食其他海洋哺乳动物的鲸目动物之一，但它们从来不吃宽吻海豚。甚至，它们彼此建立了联系。在偶然的情况下，当伪虎鲸在野外被人们发现时，它们通常都和宽吻海豚相伴在一起。

它们聚在一起，很可能是出于实用的原因：它们捕食的鱼类经常游成一片，而且这对海豚表亲也许能够帮助彼此发现其他捕食者。但它们亲密的关系远远超出了简单的实用性目的。2013年的一份研究报告显示，科学家们曾对若干海豚和伪虎鲸的动态与互动情况进行了长达17年的追踪。科学家们开始意识到，这两种生物成双结对的亲密关系，能够一直持续多年。科学家们注意到，当它们在海水中并排游动时，宽吻海豚和伪虎鲸会相互触碰对方的身体。事实上，据人们所知，这两个物种会进行交配，它们爱情的结晶，被称为鲸豚。

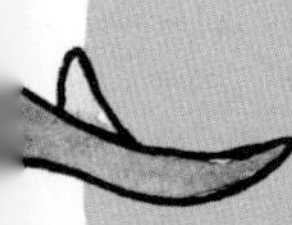

要点 异地恋（还有跨种族的爱情）能够成功。

宽吻海豚 可爱、聪明、举止友好的海豚，是一种人见人爱的动物。海豚的大脑与身体的质量比例，仅次于人类，它们非常聪明。它们通过回声定位来测定方向。它们会发出一种咔嗒声，并根据咔嗒声从附近物体反弹回来的情况，判断该物体的距离、大小甚至厚度（能精确到1毫米）。海豚也会使用工具，它们会采集海绵，保护自己的吻部不被岩石、珊瑚和其他海底危险物品割伤。它们会为了快乐进行交配，在捕猎时会结成有条不紊的群体、布好队形、圈住猎物。它们性格外向，会花很多闲暇时间和人类以及其他的海豚、鲸嬉戏，玩海藻、垃圾，甚至它们自己吐出来的气泡。

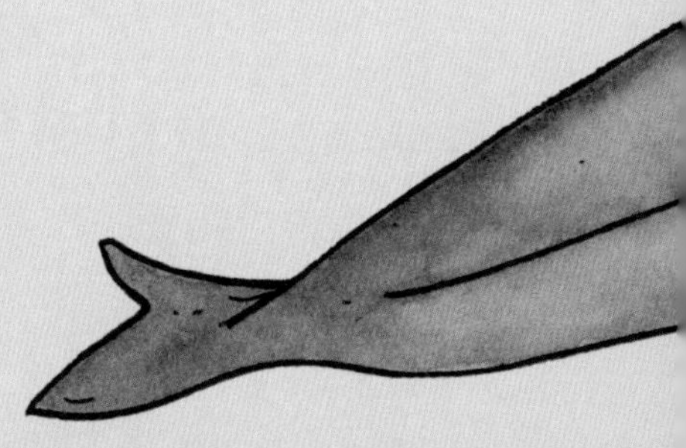

伪虎鲸 人们对于伪虎鲸知之甚少。伪虎鲸是一种海豚，外貌酷似黑灰间杂且更苗条一些的虎鲸（伪虎鲸因此得名）。这种难以捉摸、性格内向的生物，能长到约6米长、重达2.2吨，约为它们的好朋友——宽吻海豚身长的2倍、体重的10多倍。它们生活在除寒冷的北冰洋外的世界各大海洋温带及热带海域中，但人类很少看到它们。事实上，人们一度以为伪虎鲸已经在地球上灭绝了，直到1861年，一位名叫约翰内斯·莱因哈特（Johannes Reinhardt）的丹麦动物学家在波罗的海发现了一大群伪虎鲸。

高度进化

丝兰蛾和丝兰

地点 北美、中美、南美的干燥、炎热地区，以及加勒比海地区

关系状态 它们会因失去对方而灭绝，并且它们已经共同进化了数百万年。每一种丝兰，都和专属自己的一种特定的丝兰蛾相依为命。如果其中一个物种灭绝了，另一个物种也会随之灭绝。丝兰通常每年开花一次，当丝兰开花时，雌性丝兰蛾和雄性丝兰蛾会在丝兰花朵中进行交配。随后，雌蛾会刮下一团花粉，把它塞在自己长着触须的下巴中，飞到另一株植物的一朵新鲜的花上产卵，并且把花粉撒在这朵花的花柱上，然后雌性丝兰蛾就会死去。

但它的后代活了下来。丝兰蛾的毛虫会正好赶在那朵受精花结果实的时候孵化出来，然后专吃丝兰的种子（当然它们会留下足够多的种子，确保丝兰能延续物种）。等到毛虫完全长大时，它们会吐丝从丝兰的植株上掉落到地上，把自己埋在土中，吐丝作茧，然后一直待在地下，直到下一个开花季到来。当它们再次出现时，就已经是成年的丝兰蛾了。它们会飞上丝兰的花朵，随后一切又重新循环。

要点 共同进化带来相互依赖。

丝兰蛾 这种小小的、平凡的蛾子，和它们宿主植物的淡色花朵天衣无缝地融成一片。成年丝兰蛾只有两天的短暂生命，它会在丝兰花中度过其中的大部分时间。和大多数飞蛾、蝴蝶不同的是，丝兰蛾没有长长的、螺旋形的口器或舌头来从开花植物中吸取花粉。但在它的嘴巴周围长着若干小小的触须。它用这些触须提取丝兰花粉，将花粉压紧实，并妥善保存好。丝兰蛾成虫的寿命是如此短暂，它甚至都不需要进食。它只负责传播花粉，来报答它的好朋友——丝兰。

丝兰 丝兰是多年生的常绿灌木，共有约49个品种。丝兰长着硬质、剑形的叶片，开淡白色的花。千手丝兰和短叶丝兰（又名“约书亚树”）是丝兰中最容易辨识的品种。许多丝兰在它们的根部以及厚实的、蜡质的、善于保留水分的叶片中储存水分。在墓地中经常能看到这种植物生长，人们最初将它们种植在那儿，是为了挡住恶灵并且象征着永生。

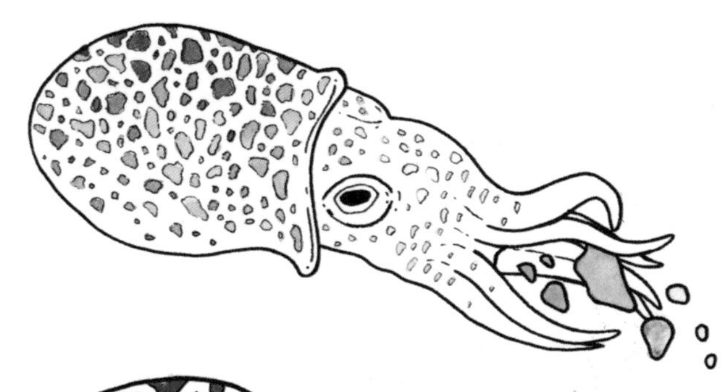

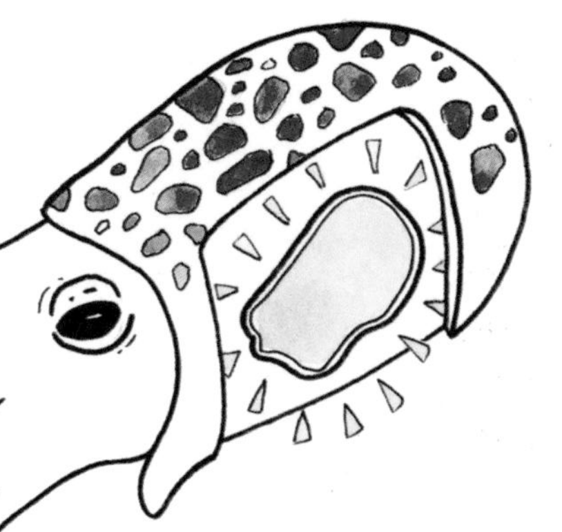

费希尔氏弧菌 一种能生物发光的单细胞海洋细菌，它们会用极为复杂的方式彼此交流。通过一种化学沟通方式，这种细菌能够将自己的所在位置告知对方，并聚集在一起。当许多细菌个体在同一个地方集中时（单独的个体不能发光），一种生物开关就会打开，它们就会立刻发光，照亮周围的海水（或照亮它们寄居的生物）。

夏威夷短尾乌贼 这些小小的乌贼和人类的拇指差不多大，它们生活在滨海的浅水中。白天，它们把自己埋藏在沙子里。到了晚上，它们会出来捕食。但它们面临着一个挑战：月光将它们的影子投射到海底，使它们暴露在危险中，从而容易受到喜欢乌贼的捕食者的攻击。

于是，这些狡猾的头足纲动物进化出了令人难以置信的伪装方式：一种会让它们在黑暗中闪光的“发光器”。因为它们和夜晚的月亮一样有光亮，所以就不会留下影子。

它们真的在闪闪发光

夏威夷短尾乌贼和费希尔氏弧菌（生物发光的细菌）

地点 太平洋和印度洋

关系状态 闪闪发亮。在孵化出来的几个小时之内，夏威夷短尾乌贼会在周围的海水中收纳发光细菌。在夏威夷短尾乌贼腹部的发光器中，这种细菌成倍增加，直到它们的数量多到足以使乌贼的身体发光。它们甚至还拥有一个类似于调光开关的机能，能调节光的明暗，使其和周围环境光的亮度相似。在乌贼体内，这些细菌非常安全、营养充足，说不定达到了微生物的极乐世界的水平。

每天黎明时分，这些乌贼将约90%的细菌赶出体外，让它们再次回到海中。随后，乌贼在沙子中睡觉，而生活在它们体内的细菌蓄奴继续进行繁殖。到了晚上，一支全新的微生物大军熠熠生辉，等待着绽放光明、避免让乌贼投下致命的影子。

要点 黑暗不能驱逐黑暗，只有生物发光的细菌才能驱逐黑暗。

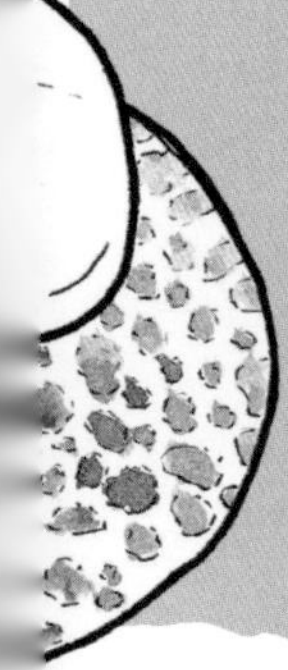

囤积狂和种子

克拉克星鸦和美国白皮松

地点 美国西部和加拿大西南部的高海拔针叶林

关系状态 可悲地相互依存。克拉克星鸦非常喜爱美国白皮松的松子。它们撕咬开松果，叼出里面含有高蛋白质的种子，将种子存放在它们口中特殊的舌下囊里，一次可以存放150颗之多。随后，它们会把这些种子分开埋藏在很多不同的地方。每一只克拉克星鸦会采集、储存多达90000颗种子准备过冬，这比它们能吃掉的数量多得多。至今我们仍不清楚，它们是如何记住自己把种子藏在了哪儿呢。但它们的确拥有这种神奇的本领，能在持续数月的冰天雪地中，陆续找到这些种子。而没被吃掉的富余的种子仍埋藏在地下，随后长成了新的松树。

奇妙的是，这两种生物之间的共生关系，会顺应岁月的变迁而同步改良。随着时间的流逝，松果和松子的外形发生了变化，这种转变适应了克拉克星鸦特殊的鸟喙结构。说不定这种鸟儿和这种树木彼此适应得太完美了：这种鸟类主要以美国白皮松的松仁为食，但目前它们的主要食物来源已经成了濒危物种。没人知道，一旦这种树木消失，这些克拉克星鸦的命运会如何。

要点 囤积狂是好帮手。

克拉克星鸦 这是一种一夫一妻制的、非常聪明的鸦科鸟类，由威廉·克拉克发现，并以他的名字命名。这种鸟儿用它又长又尖的喙，从松果的刺状鳞片内腔中啄出松子。克拉克星鸦的羽毛是灰黑色的，个头和松鸦差不多大。它们往往成群结队地出动。雄性克拉克星鸦会帮助雌鸟孵化鸟蛋，它们甚至长出了“孵化斑”——胸部一块帮忙加热鸟蛋而没有羽毛的区域（在其他的鸦科鸟类中，只有雌鸟会出现这样的孵化斑。相对而言，克拉克星鸦是更有责任心的鸟爸爸，尽管这个标准似乎有点低）。

美国白皮松 这种生长在山区的树木属于石松科，这意味着，它们是靠动物传播种子的，而不是靠风或火播撒种子。松鼠和鸟类把松树种子散播在整片森林中，这样新的松树就能破土而出、发芽生长。美国白皮松是其所在山区一带的贵宾：因为它们一年四季都能投下浓密的树荫，并且它们繁茂的根系深深扎根在地下，这有利于积雪以稳定的速度逐步融化。而积雪稳定融化，既有助于预防山洪暴发，也有助于避免干旱。不幸的是，由于气候不断变暖，美国白皮松的家园正在日益缩减，白皮松生长区也面临多种威胁——昆虫、疾病和森林火灾。美国白皮松会永远从地球上消失，这只是个时间问题。

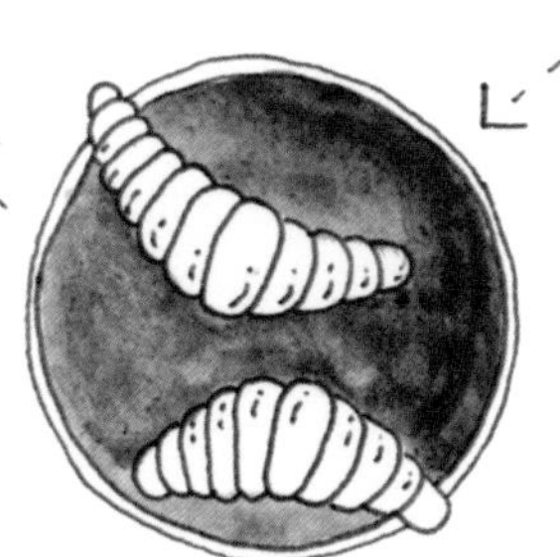

树懒蛾 树懒蛾是生活在树懒皮毛里若干种小生灵中的一种，除了树懒的皮毛，这种蛾子便无处可居了。好吧，它真的哪儿都不去，除树懒的粪便外。当树懒从树上爬下来时，雌蛾就会从树懒的皮毛中飞出来，把卵产在树懒拉在地上的肥沃粪便中。树懒蛾的幼虫吃树懒的排泄物，最后长大变成蛾子。然后，它们又把树懒的皮毛当成自己的家。

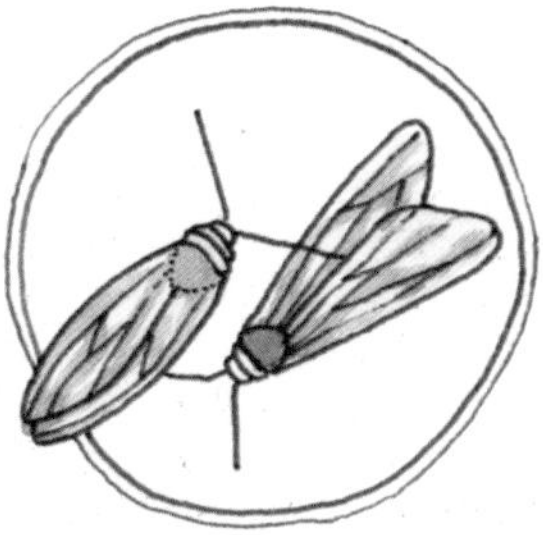

一个微型生态系统

三趾树懒、树懒蛾和藻类

三趾树懒 这真是一种怪异的动物。这种似乎总是面带微笑、长着长爪子的哺乳动物，喜欢生活在树上。树懒棕色、浓密、毛茸茸的皮毛里，布满了各种昆虫、真菌、藻类和其他小生灵。在一天的24个小时中，它们有20个小时几乎一动不动。而且，对其他动物来说，树懒的行动简直是慢动作，它们每天只移动约36.5米。

每过一个星期，树懒就会离开密布高大枝叶的安全地带，去完成一个危险的使命。它利用自己长长的、弯曲的爪子极其缓慢地从树上爬到地面上（除此之外，它用自己的爪子倒挂在树枝上并采摘树叶，因为树叶是它的主要食物），然后用自己的尾巴挖出一个小坑，用来排泄粪便。完事后，它会尽快地（还是很慢、很慢）爬回到浓密枝叶中的安全地带。

藻类 三趾树懒的皮毛在干净的时候是棕色的，但因为这种动物的背部覆盖着厚厚的绿色藻类，所以它经常和周围的树叶浑然一体、难以分辨。树懒的皮毛能够留存雨水和空气中的水分，这就创造了一个能让藻类茁壮生长的“水培式花园”。

地点 中美洲和南美洲的雨林

关系状态 进展缓慢而稳定……并且臭烘烘的。很明显，树懒蛾能从树懒那儿得到什么好处：一个邋里邋遢的（但能提供庇护的）育儿所和食物来源。树懒蛾的幼虫以树懒的粪便为食，而树懒蛾成虫在树懒热热闹闹的皮毛中，找到了吃不完的东西。它们特别喜欢吃长在树懒皮毛中的藻类；反过来，树懒蛾死后腐烂分解的尸体也给藻类提供了肥料。那些身上树懒蛾较多的树懒，它的藻类外衣往往也更加厚密健康。

树懒爬到地面上排泄的时候，特别容易受到攻击。它们无法保护自己，或者迅速逃离它们的天敌。鉴于半数以上的树懒是在排便时死亡的，那么树懒为何还选择从树上爬下来，就让人百思不得其解了。树懒选择下树排便，其背后的动机至今仍然是个谜：有可能是为了宣告自己的领地、给它们的树木家园施肥，或者是为了让树懒蛾能继续它们的生命循环。

如果先不去追究它们下树的原因，那么可以说，树懒的这一行为是对自己有益的。科学家们认为，树懒蛾爱吃的藻类一定也是树懒的营养补充剂，给容易引起贫血的树懒膳食中，增加了至关重要的脂肪物质。树懒通过将树懒蛾留在自己身边，增加了获得额外营养物质的机会。

要点 我愿为你冒生命危险（为什么？谁都弄不明白）。

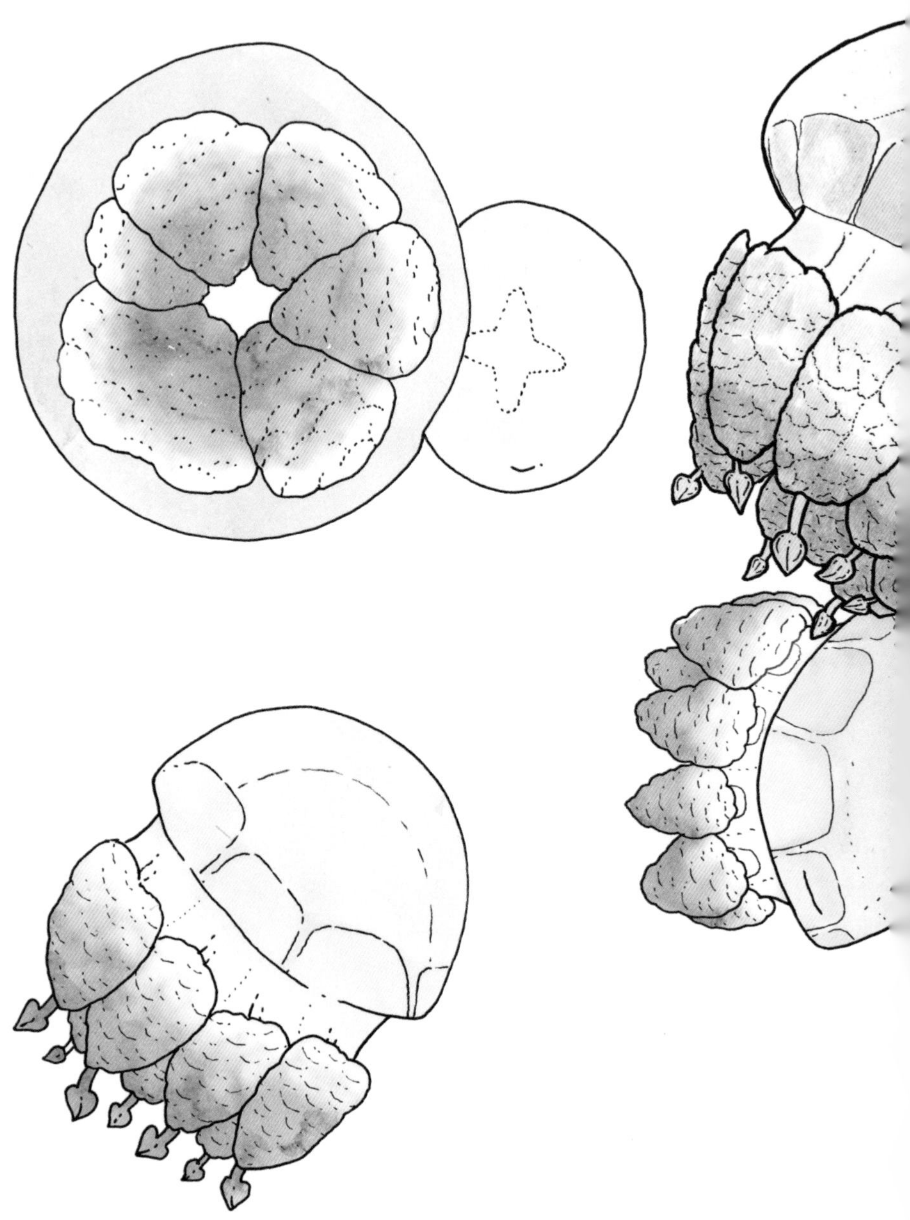

追随光明

黄金水母和虫黄藻

地点 艾尔莫克岛、帕劳、密克罗尼西亚群岛

关系状态 发光。黄金水母发现，随着海平面下降，自己和海洋及海洋中的营养物质隔离了。于是，它们将虫黄藻吸收到自己的身体组织中，从而进化出了进行光合作用的能力。这种水母整天都跟着太阳的轨迹游动，经常暴露在阳光下。因此，黄金水母中的藻类更容易将阳光转化成维持它们生命所需的能量，这也是黄金水母不会蜇咬其他生物的原因所在。大多数水母会用自己有毒的附器，捕捉在大海中随波逐流的浮游生物或其他生物，以此获取食物。而黄金水母却单单依赖阳光来获得食物——很少有动物采取这样的方式，而且在这一过程中，它们渐渐失去了长长的触须。

要点 爱你身边的人，因为你别无选择。

黄金水母 明黄色的、茶杯大小、没有螯刺的黄金水母，只生活在一个咸水湖中，这个咸水湖叫作“水母湖”，贴切极了。有约2000万只水母在这里生活，它们将生命中的大部分时间用于追逐太阳划过天空的弧线。黎明时分，这些水母聚集在水母湖的西岸附近，随着太阳从地平线上逐渐露出脑袋，它们通过用钟形身体抽水的方式向东游动。到正午时，它们抵达湖的对岸。在那儿，它们在湖岸边树木投下的阴影之外停留片刻，以避开潜伏在树荫之下的那些海葵——它们的主要天敌。随后水母启程，返回湖的西岸。

这个咸水湖的底部是石灰岩，湖盆中唯有石灰岩下因冰川形成的深深裂隙和大海相连。因此，这一湖泊的底部几乎是停滞不动的，完全没有氧气。但这些水母会不停搅动湖水，使空气进入上层水域，从而分配急需的营养物质和氧气。这种水母每天总共游1千米左右，对于一团黏糊糊的小东西来说，它游的距离不算短了。

黄金水母的进化

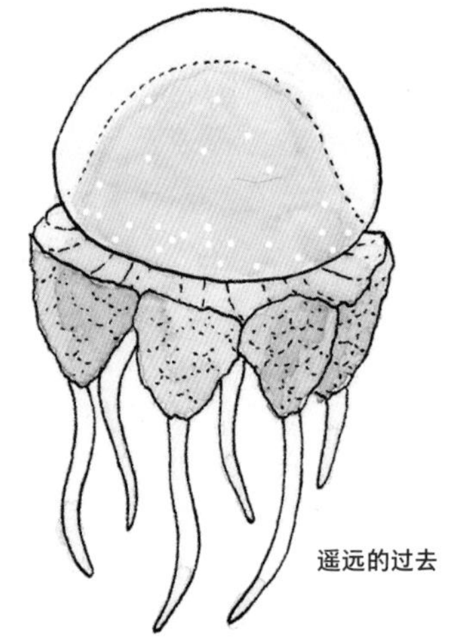
遥远的过去

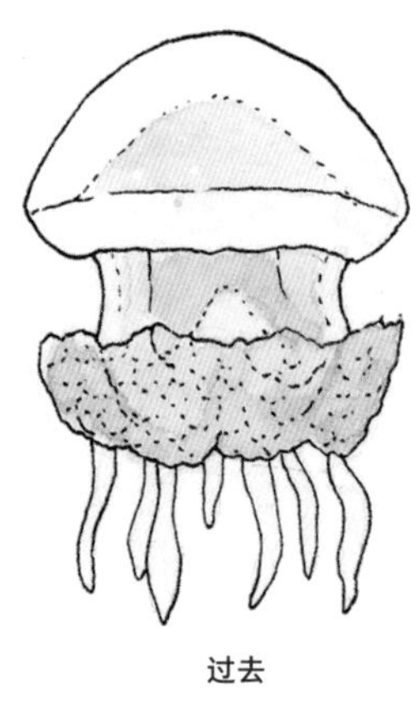
过去

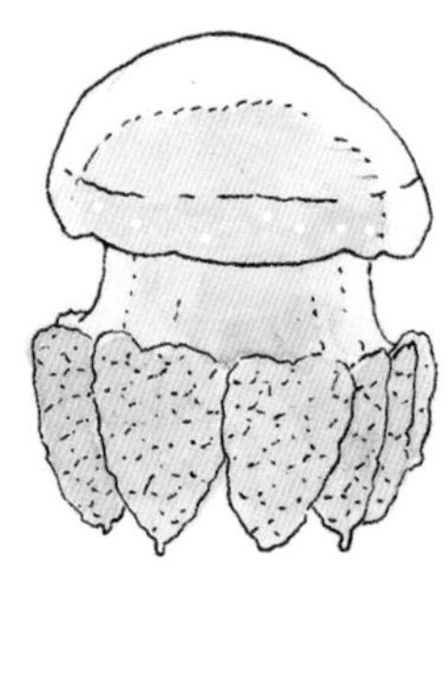
现在

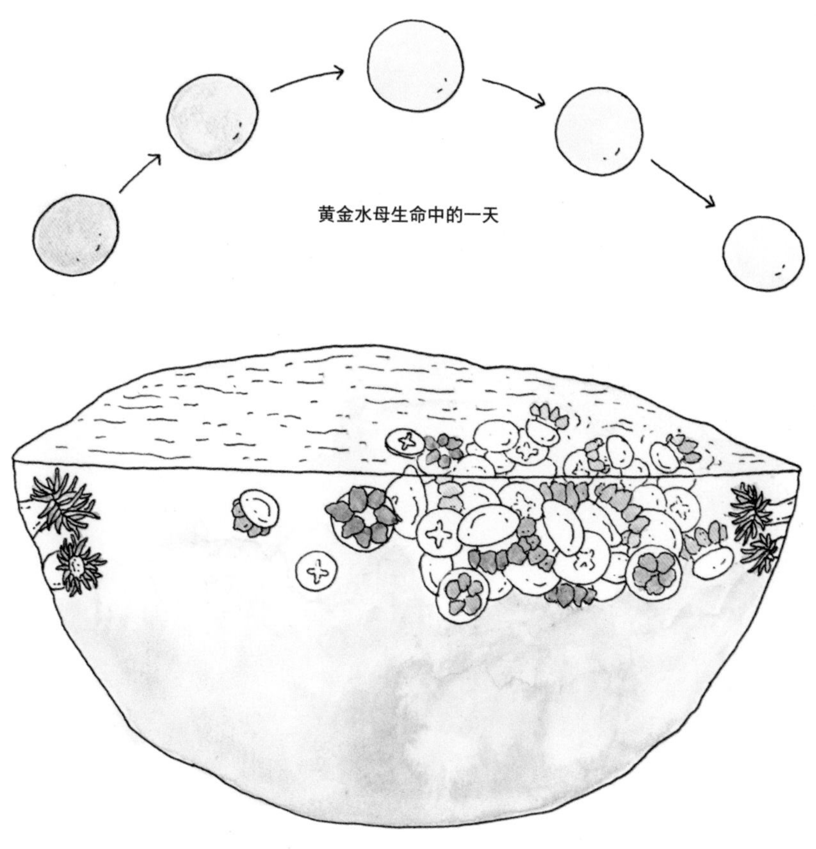

虫黄藻 是一种黄棕色的微型单细胞浮游生物，它们依赖阳光生存繁衍。它们和若干海洋无脊椎动物共生，通过光合作用为它们的宿主提供多达90%的能量，并在这个过程中将它们的宿主变成黄色或棕色。作为回报，虫黄藻的宿主会保护它们，并为它们提供营养物质、二氧化碳和获取阳光的机会。

共同挖掘隧洞

鼓虾和虾虎鱼

地点 印度洋—太平洋海域

关系状态 多重呵护。尽管鼓虾拥有威风凛凛、超级英雄式的虾螯，但接近全盲的鼓虾每次离开它们那安全的洞穴时，就特别容易遭到攻击。于是，虾虎鱼成了它们的保镖。虾虎鱼在隧洞入口处站岗放哨，警惕地观察着周围的一切。与此同时，在洞穴里面，鼓虾扮演着管家和承包商的双重角色——它们负责建造、重建、修缮洞穴，用它们的虾螯或后腿奋力挖掘着。

一到洞穴外面，鼓虾就把一条虾须搭在虾虎鱼的尾鳍上，和虾虎鱼保持着密切联系。虾虎鱼会根据危险程度的不同，以不同的频率颤动尾鳍。如果虾虎鱼飞快冲进隧洞中，那么鼓虾立即明白，它应该赶紧跟上它的监护人。

虾虎鱼也会挖洞，但和鼓虾的建筑杰作相比，简直就是简陋的披屋。虾虎鱼充当鼓虾的眼睛，作为交换，虾虎鱼得到了一个结实牢固的庇护之所。鼓虾和虾虎鱼（有时是一只虾和一条鱼，有时是若干的虾和鱼）幸福地一起生活在一个隧洞中。虾虎鱼甚至还在洞中交配。当夜晚降临时，鼓虾就会封住洞口，让大伙都安全地在洞内睡觉。

要点 导盲的虾虎鱼是鼓虾最好的朋友。

虾虎鱼 这些长有条纹、色彩鲜艳的小鱼，有的还不到2.5厘米长。它们喜欢在多沙的海洋洞穴中栖息。虾虎鱼会在洞穴入口处筑起土堆，这样海水水流就会从它们的卵旁边流过，让它们的卵充满空气。

鼓虾 这些约5厘米长、红白相间的虾近乎全盲，但它们拥有一样强大的武器：一只超大尺寸的螯。当这只像钳子一样的大螯啪的一声合上时，发出的声音比枪声更响。当鼓虾发现猎物（通常是另一种虾）时，鼓虾就会张开它的大螯。随后，它会以超过96千米/时的速度猛地合上它的大螯，并伴随着振聋发聩的一声巨响，就像声波武器一样。虾钳迅速合上的动作，搅动了水中的气泡。转瞬之间，这些气泡就变得如同太阳表面一样炽热。这些气泡会在水中发出冲击波，致使猎物全身麻痹。最后，鼓虾拖着猎物返回。

第二章

亦敌亦友

偏利共生

尽管没有互利共生那样甜蜜，偏利共生（commensalism）仍然是一种相当不错的关系。不管怎么说，在双方的交易中，没有任何一方受到伤害。“共生的”（commensal）这个词意味着“共享食物”或“同桌进餐”，但在实践中，双方得到的利益很少是对等的。这种关系更接近于：“来，你能吃我吃剩的这具残骸。我吃饱了。”

好处往往归两种生物中较小的一方所得，包括得到庇护之所、安全保护、搭顺风车等。那个大家伙能照顾好自己，所以偶尔照顾下弱者，它也并不介意。

身份盗用

拟态章鱼和其他所有生物

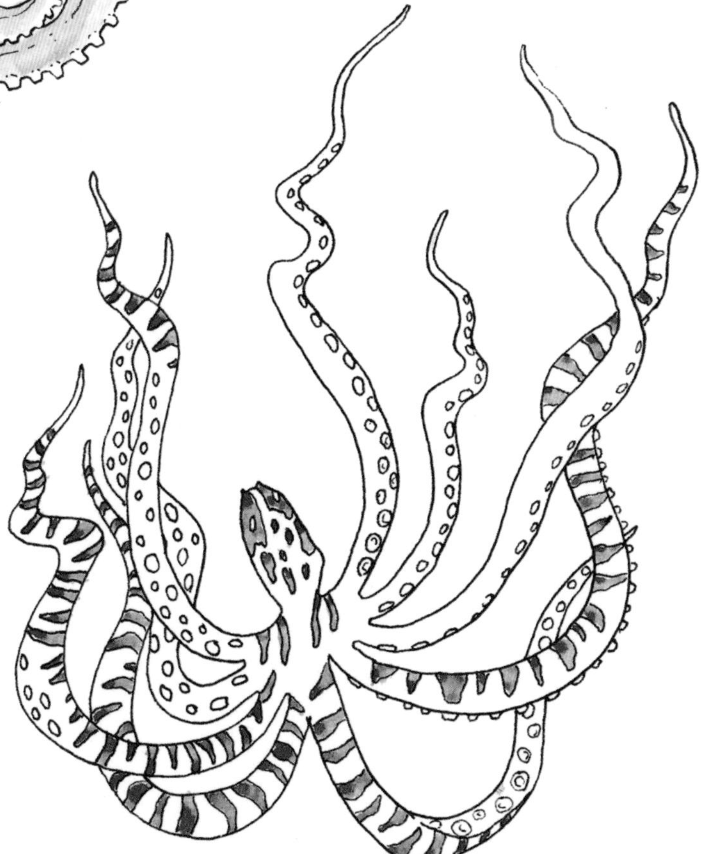

地点 东南亚和南太平洋海域

关系状态 变化多端。很多生物会将拟态伪装作为一种生存策略，但只有拟态章鱼能将那么多的生物模仿得惟妙惟肖。章鱼没有脊柱、骨骼、毒素或坚硬的外皮来保护自己，而依赖自身形态的变换，来模仿一些掠食者基本会避开的有毒海洋生物。比如，为了让自己看上去像是一条狮子鱼，拟态章鱼会模拟出棕色和白色相间的条纹，并将自己的8条腿塑造成貌似脊柱的模样。如果想要模仿海蛇，拟态章鱼会躲在一个洞中，从洞中伸出两条黑白条纹的腿。为了让自己的外表接近比目鱼，它会把两条触手放在一起，并使自己的身体变得扁平。如果想要模仿水母，它就让自己的脑袋膨胀起来，然后将它的那些触手拖在身后。拟态章鱼不仅适应性强，而且非常聪明，它能认出正在靠近的捕食者，并立马改变自己身体的形状，模拟那些会让捕食者绕道避开的生物。

然而，并不全是为了自我防御。拟态章鱼也会故意模仿它们的猎物。比如，为了吸引正在寻找配偶的蟹，它会改变自己的形态和颜色，让自己看起来像一只蟹。然后它就会把那些蟹都吃了（真是一次糟糕的初次约会）。拟态章鱼有时也会互相捕食（也是一次糟糕的约会）。

要点 别给人家生吞活剥了。在你考虑潜在的追求者时，先得确定对方不是一条饥饿的章鱼。

拟态章鱼 科学家们第一次发现拟态章鱼是在1998年，在印度尼西亚的海滨附近。那条章鱼在河口的浑水中游荡着，掠过沙子，捕食着鱼类和甲壳纲动物。它很小，只有60厘米长，触手的直径和铅笔差不多。和所有的章鱼一样，拟态章鱼有8条腿、3颗心脏（但它的行为仍然像是没心没肺似的），还长着一条用于喷射推进的漏斗状体管。拟态章鱼和很多其他的章鱼不同（它们在静止休息时，身体是浅棕色或米黄色的），它们能利用体内特殊的色袋（也称为色包）随时随地改变体色、变化花纹。它们也能改变身体的形状。无论是在陆地上还是在海洋中，它无疑是最擅长模仿的动物：智商很高，适应性极强。

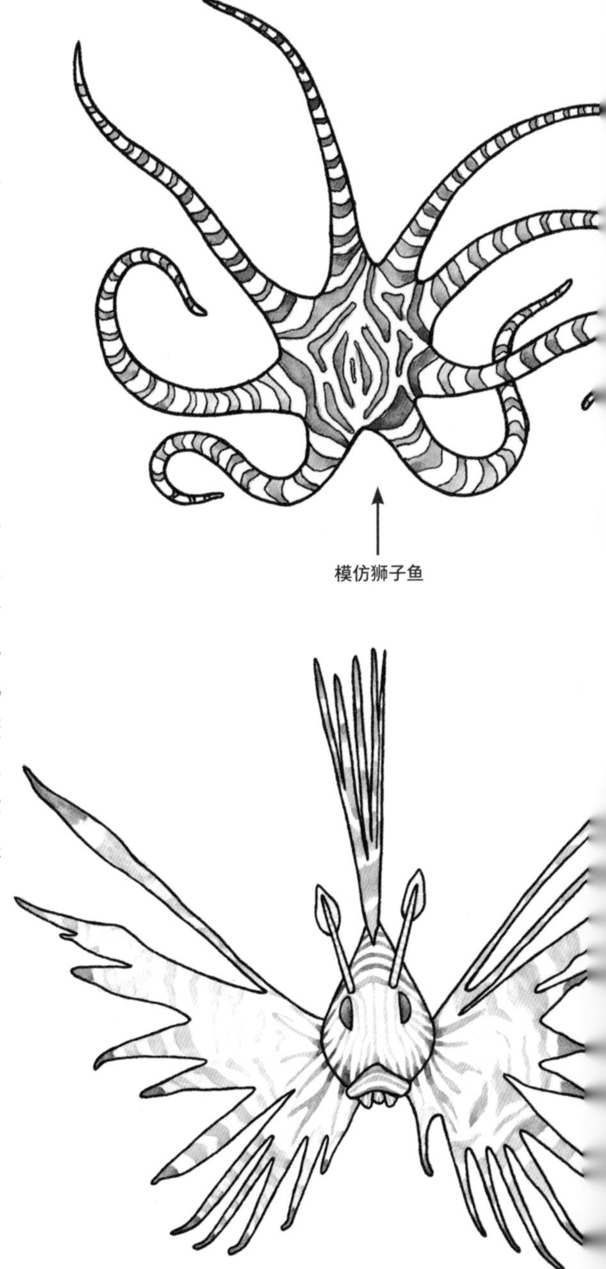

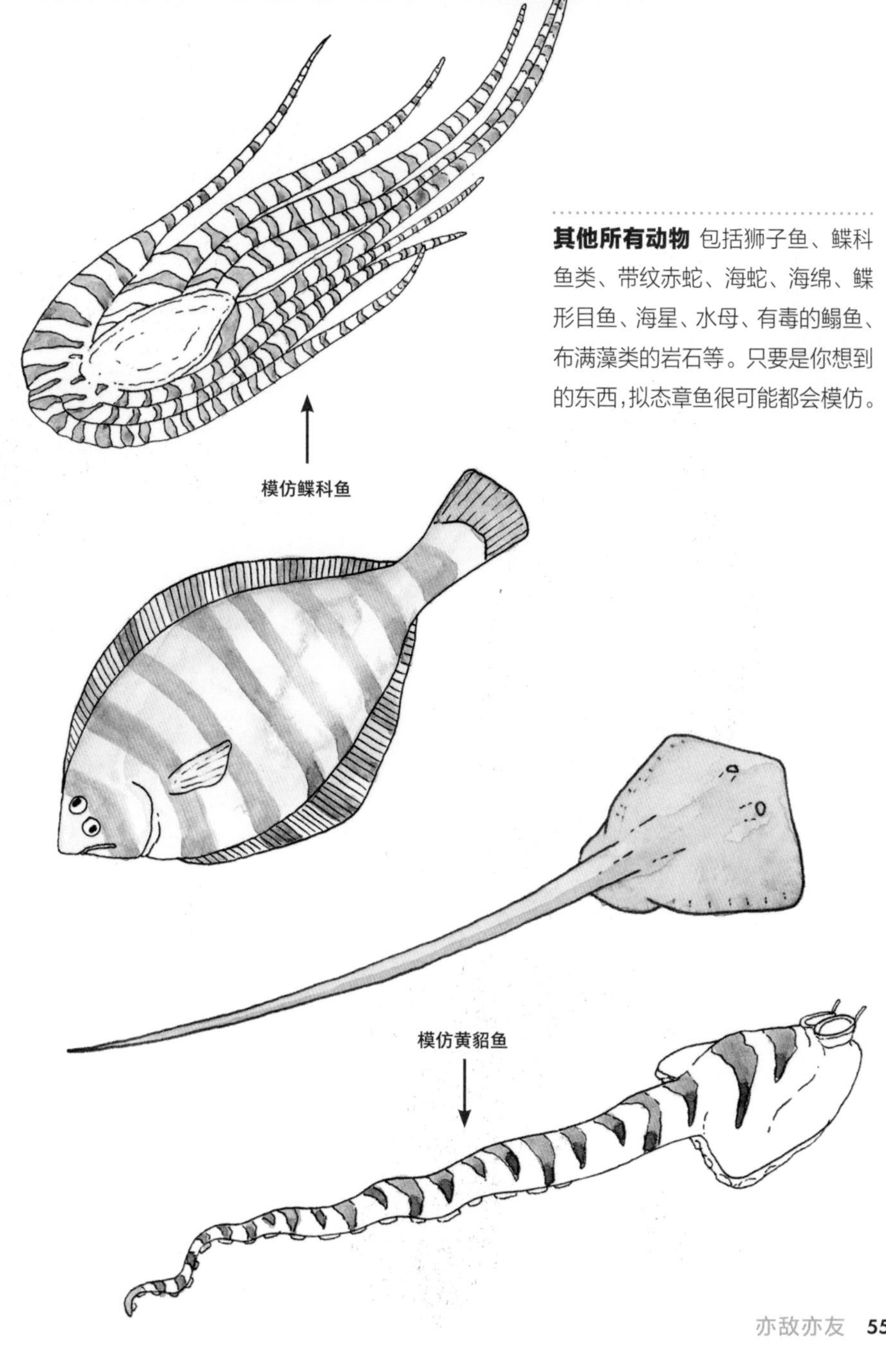

其他所有动物 包括狮子鱼、蝶科鱼类、带纹赤蛇、海蛇、海绵、鲽形目鱼、海星、水母、有毒的鳎鱼、布满藻类的岩石等。只要是你想到的东西，拟态章鱼很可能都会模仿。

为求保护，比邻而居

黄腰酋长鹂和斥异胡蜂

地点 中南美洲

关系状态 敌人的敌人，就是我的朋友。黄腰酋长鹂很吵闹，但它们并不是大蠢蛋。为了保护自己不受劫掠者的侵害，它们经常把巢穴建在斥异胡蜂（*Polybia rejecta*）和其他黄蜂的蜂窝附近——与它们隔着1米左右的距离。黄蜂会攻击并赶走胆敢靠近它们的捕食者。但出于某种不为人知的原因，这些昆虫似乎不会去骚扰黄腰酋长鹂。

这种毒蜂似乎也能保护黄腰酋长鹂，使它们不受马蝇侵害。马蝇是一种讨厌的寄生虫，吃刚出生的小鸟的肉。而这种毒蜂的存在，使马蝇感染率大幅下降，几近为零。

谁都不知道，这种毒蜂从这一共生关系中得到了什么好处。

要点 讨厌的黄蜂也能成为好邻居。

黄腰酋长鹂 这种身材修长、声音沙哑的热带鸟，长着长尾巴、蓝眼睛、尖尖的鸟喙、黑色的羽毛——尾巴是明黄色的，翅膀上也有明黄色的“肩章”。这种鸟儿喜爱群居，热爱鸣唱，雄鸟的歌声充满活力，混杂着啁啾声、抑扬顿挫的音符、呱呱的喘鸣声，偶尔还会模仿其他鸟类的叫声。当大群黄腰酋长鹂聚集在一起时，它们嘈杂、喧闹的叫声会穿透整片森林，在很远的地方都能听到。为了保护自己免受各种蛇、哺乳动物（主要是灵长目动物）和巨嘴鸟等更大的鸟类（它们会猛扑下来吞吃鸟蛋或捕食小鸟）的侵害，它们聚群而居、挤在一起，彼此挨得很近。上百个鸟巢密密麻麻地集中在一起。这些呈袋状的鸟窝，会从一棵大树的若干枝丫末梢纷纷悬挂下来。以植物材料充当的线绳，把鸟窝摇摇晃晃地吊挂在枝干下。

在秘鲁民间传说中，黄腰酋长鹂原本是一个爱散布流言蜚语的男孩。他身穿黑色裤子、黄色的上衣，废话连篇，胡编乱造仙女的故事，最后他变成了一只聒噪的小鸟。

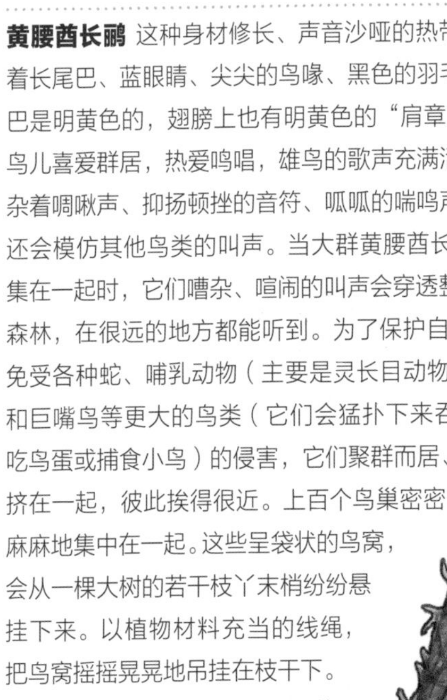

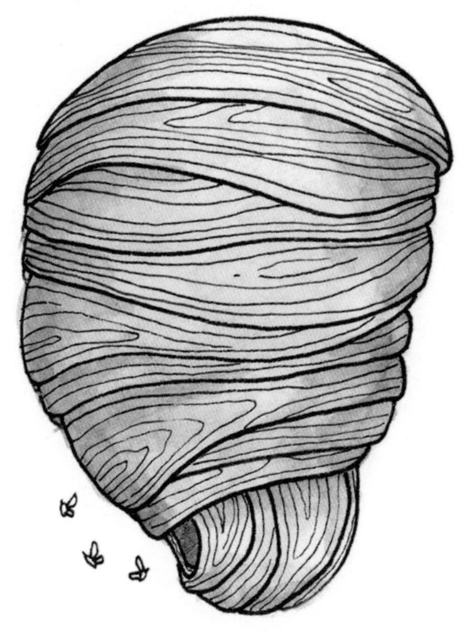

斥异胡蜂 这些胡蜂是攻击性强、善于飞行的恶霸，它们和一个硕大的蜂后一起生活在一个大型“纸”巢内。这种巢由木浆、树脂、泥巴和胡蜂唾液制成。它们喜欢在水源附近建造家园，而且特别喜欢吃红眼树蛙产的卵。

这一特殊物种学名中的“rejecta”（排斥）一词恰如其分，因为这种黄蜂会排斥（并攻击）几乎所有距离它们的巢穴约五米之内的生物。只要离它们的巢穴近了一点，就会被它们蜇刺得疼痛难忍，哪怕别人没怎么招惹它们。

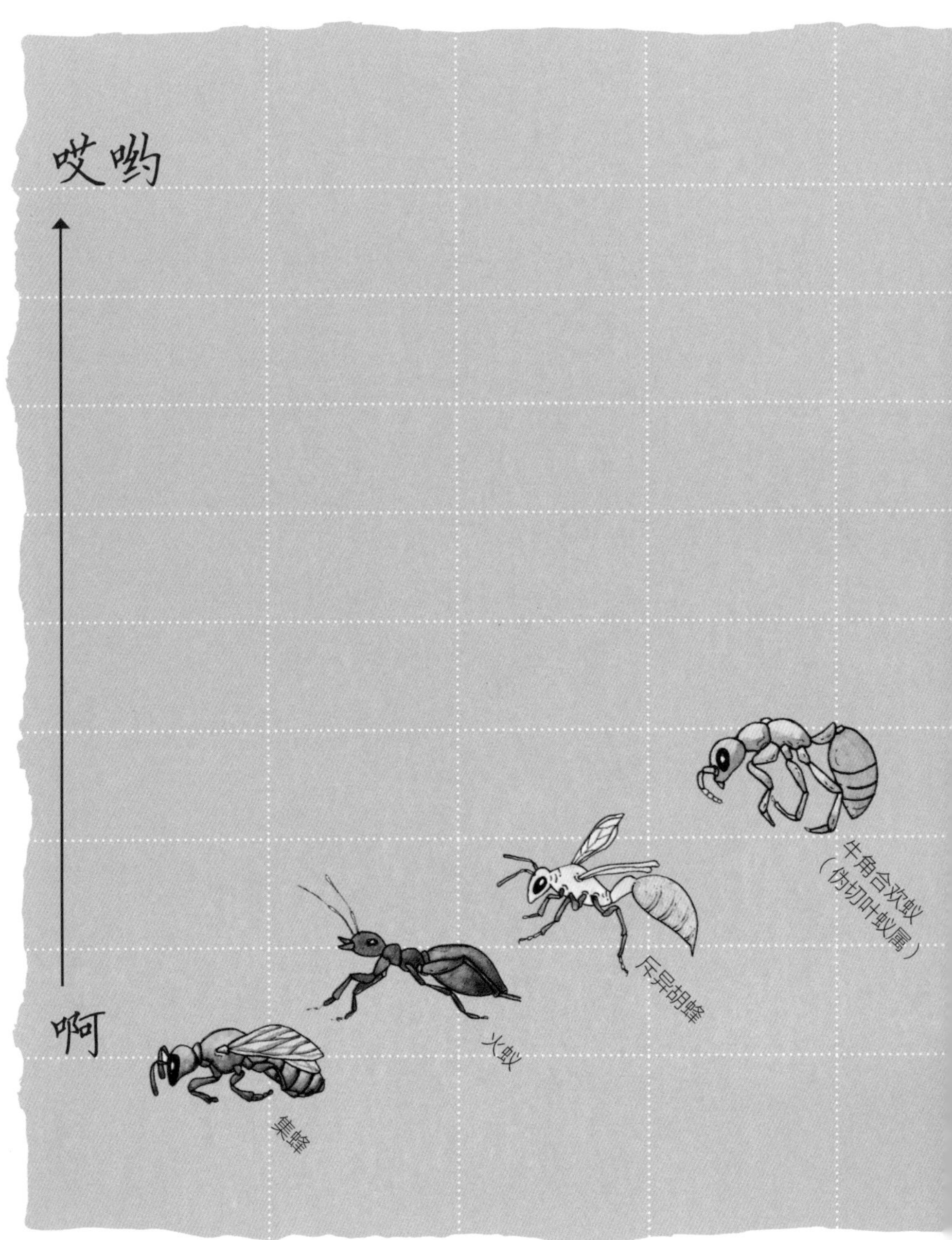
哎哟
啊
集蜂
火蚁
斥异胡蜂
牛角合欢蚁
（伪切叶蚁属）

话题

它蜇得有多痛

从“啊”到“哎哟”*

*根据斯密特叮咬疼痛指数

鱼是我的副驾驶员

远洋白鳍鲨和引水鱼

地点 深海中，主要在较为温暖的海域

关系状态 它们喜欢结伴而行。一小群引水鱼簇拥在远洋白鳍鲨周围，似乎是在给鲨鱼引路或者导航。当鲨鱼进餐时，散落在四周的小块的肉和食物碎屑，就成了引水鱼享用的美餐。它们也把鲨鱼当成游泳时的保镖。

作为对鲨鱼提供保护和食物的回报，引水鱼会津津有味地咀嚼聚集在鲨鱼表皮上的寄生虫和各种残渣碎片，帮助鲨鱼预防感染和疾病。它们甚至会游到鲨鱼的嘴巴里，帮鲨鱼清洁口腔。这种建立在帮助对方清洁的基础上的关系，是不少共生机制的基础，所以它才会这样一再出现。

引水鱼和它们各自的鲨鱼建立了牢固的情感纽带，它们似乎对自己的专属鲨鱼产生了某种占有欲，会阻止其他鱼儿加入队列之中。

要点 它们相互支持、有福同享。

远洋白鳍鲨 远洋白鳍鲨喜欢深海，它以各种鱼类、海龟、甲壳纲动物和其他海洋生物为食。它们的名称源自它们鳍尖上的白色斑点。它们的鱼鳍比其他鲨鱼的鱼鳍长一些，鳍尖更圆一些。

远洋白鳍鲨在白天和黑夜都会捕食，但现在在海洋中游弋的远洋白鳍鲨不多了。令人悲伤的是，在其活动的所有海域中，远洋白鳍鲨均被列为“濒危物种”。这应由不负责任的商业捕鱼负责：有时远洋鲨鱼会被海洋中的渔网困住；此外，世界各地的人似乎都对鱼翅汤情有独钟，而这也招致了它们的不幸。在有的海域，远洋白鳍鲨已是极度濒危的物种。

和大多数鲨鱼一样，远洋白鳍鲨是喜欢独居的动物。但是，当它出行时，有一种动物很少不伴随在它的左右，这种动物就是引水鱼。

引水鱼 这种约30厘米长的肉食性鱼类很好辨认：它们身上长有明显的黑白相间的条纹。引水鱼兴奋时会变色——黑色条纹变淡，身体会变成近乎一片银白色。

引水鱼喜欢成群出动。经常能看到它们伴随在其他海洋“居民”如鳐鱼、海龟、水母、船只，甚至海藻的左右，但它们尤其喜欢和远洋白鳍鲨做伴。

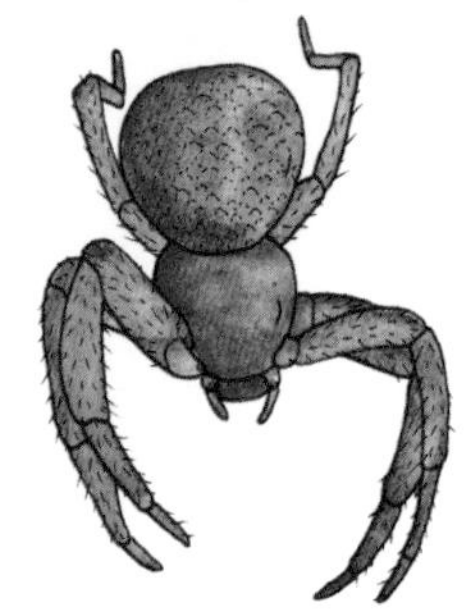

红蟹蛛 这种红蟹蛛看上去有点像蟹，它横着和倒退着爬行，用它那硕大的、螯一般的前腿抓着猎物。尽管红蟹蛛也会和其他蜘蛛一样吐丝，但它不会织网。它更喜欢伏击：捕捉而不是困住猎物。

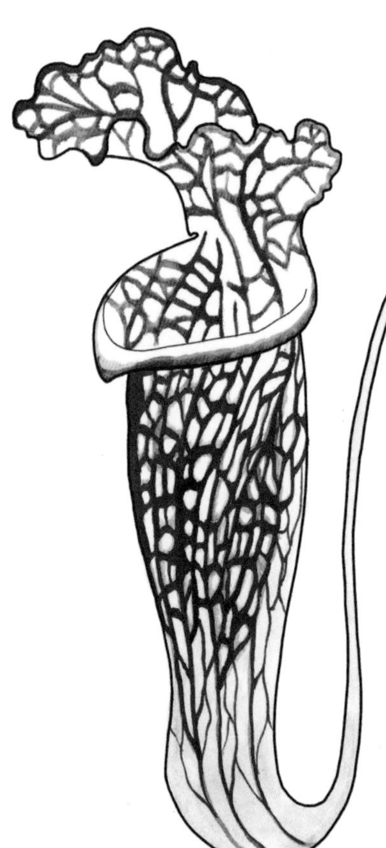

猪笼草 这些食肉植物生长在矿物质贫乏的土壤或酸性土壤中。常见的那些进行光合作用的植物，无法在这样的土壤中生存。猪笼草并非通过根系从土壤中获取营养物质，而是通过诱捕毫无戒备的昆虫来维持生命。猪笼草的外形就像一个水壶：杯状的叶片，叶片的边缘很光滑。当昆虫飞到叶片的边缘寻觅花蜜时，它们就会从叶片弯曲的侧壁上滑落，掉进一个“深井”或者说“陷阱”中。而在这个陷阱的底部，等待它们的是一汪消化液。昆虫淹死在这一汪液体中，它的身体会被分解。

跟屁虫

猪笼草和红蟹蛛

地点 东南亚、印度、马达加斯加和澳大利亚

关系状态 白吃白住，占便宜。红蟹蛛在猪笼草中安家，它用一条条蛛丝，将自己固定在猪笼草叶片的内壁上。当一只昆虫失足滑落、淹死在猪笼草的胃液中后，红蟹蛛就会爬下去，从那汪液体中捞起那只淹死的虫子，吸出它的内脏，将残余的尸体留给猪笼草消化。

如果那只昆虫沉到那汪液体的底部，以至于红蟹蛛无法轻松地将它捞起时，红蟹蛛就会采取忍者式的行动：它会将自己拴在和猪笼草叶片上端的安全地带相连的一根蛛丝上，随后它会吐出蛛丝，在自己的嘴巴周围形成一个圆罩，然后把这个圆罩当作深海潜水帽使用，让自己能暂时潜入水中，而不会被淹死。

这样的安排并没有给猪笼草带来什么好处，但红蟹蛛却受益匪浅：它再也不需要追捕猎物了，只需要紧紧攀附在猪笼草的内壁上，然后静静等待就行了。而且由于昆虫先被淹死了，红蟹蛛吃到的那些受害者，比自己能够抓到的猎物大得多。这种感觉就像一块超级大牛排突然掉在你的腿上一样美妙。

要点 好运气总是青睐那些吊挂在一根蛛丝之下，在食肉性植物里面守株待兔的朋友。

一个习性粗鲁的冒名顶替者

裂唇鱼和三带盾齿鳚

地点 印度洋—太平洋的珊瑚礁中

关系状态 靠欺诈蒙混过关。三带盾齿鳚这种假冒的清洁鱼会模仿裂唇鱼，利用自己酷似裂唇鱼一样的条纹和游动方式，吸引想要清洁服务的顾客。但这种鱼并没有什么清洁的本事，相反，它们是行骗高手。如果有哪条鱼上当受骗，为了把自己清洁一番而贸然前来，那么这个冒名顶替的家伙，就会撕下那条毫无戒心的鱼儿的鳞片或皮肤。三带盾齿鳚用这种方式，获得了约1/5的热量（其余的热量来自鱼卵和管虫）。

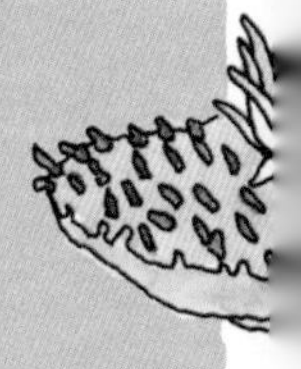

为何三带盾齿鳚仅仅为了那么一点点好吃的，就如此大费周章地进化？原因我们尚不清楚。也许这一诡计带来的最大好处，是提供了安全保障：让体形更大的鱼上当受骗，让它们以为自己即将得到清洁美容，那么三带盾齿鳚就能避免被大鱼吃掉。一般来说，会上它们当的鱼儿，大多涉世未深，年轻天真。

要点 别相信任何人。

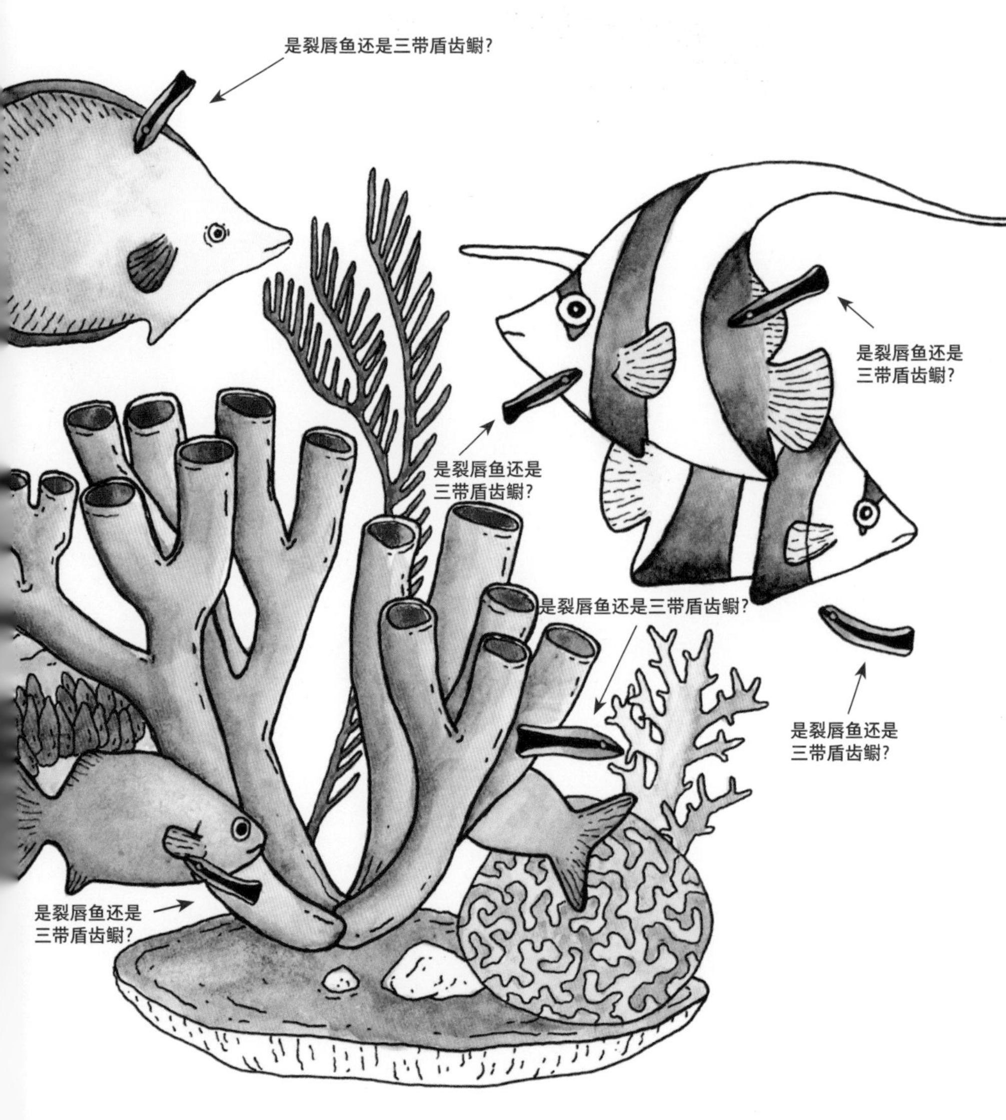
是裂唇鱼还是三带盾齿鳚?
是裂唇鱼还是
三带盾齿鳚?
是裂唇鱼还是
三带盾齿鳚?
是裂唇鱼还是三带盾齿鳚?
是裂唇鱼还是
三带盾齿鳚?
是裂唇鱼还是
三带盾齿鳚?

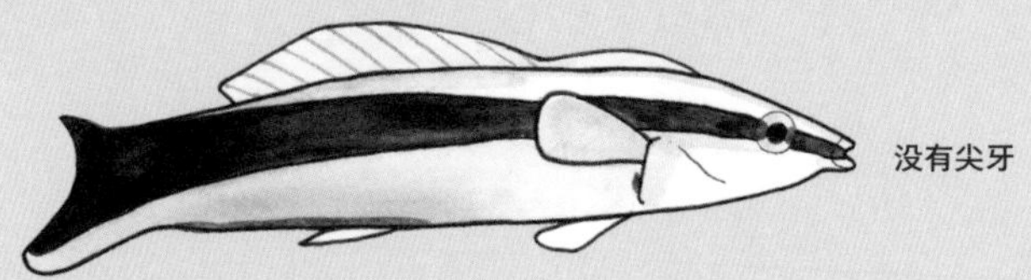

裂唇鱼 这种小小的、身体呈流线型的鱼，没有明显的鳞片，但在它长约10厘米的银蓝色身体上，贯穿着一条黑色的长条纹。它所有的食物，几乎全部来自其他体形更大的鱼的后背和口腔。它们会扭动着身体跳舞，引诱其他鱼儿光顾它的清洁站。

这种鱼儿过着群居生活。在一群裂唇鱼中，有一条占统治地位、参与交配的雄鱼，还有若干体形较小的雌鱼——它们都是雄鱼的交配对象。如果这条占主导地位的雄鱼死亡了，一条雌鱼就会改变性别、变大，取代雄鱼的位置。但发生在裂唇鱼身上的最不可思议的事，不是它们的家庭结构，而是它们的“分身幽灵”。

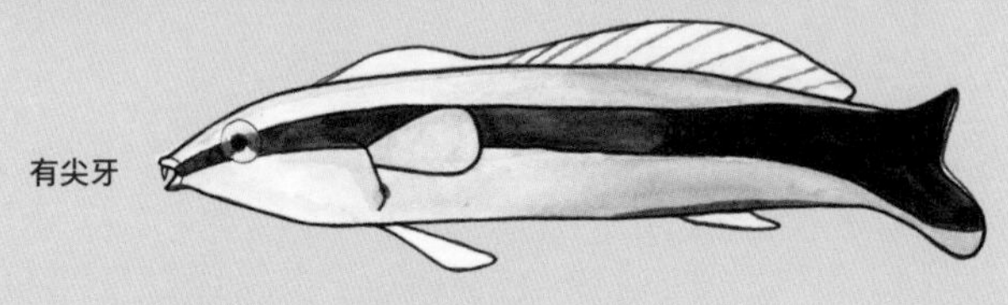

三带盾齿鳚 三带盾齿鳚是一种鳚科鱼类——没有鳞片的小型海洋鱼类。和裂唇鱼一样，在这种鱼约10厘米长的银蓝色的身体上，也贯穿着一条大大的黑色条纹。而且它们也会摇摆自己的身体，引诱脏兮兮的鱼儿去它的“清洁站”。然而，和它的“双胞胎兄弟”不一样的是，这种鱼儿长着一颗大尖牙。

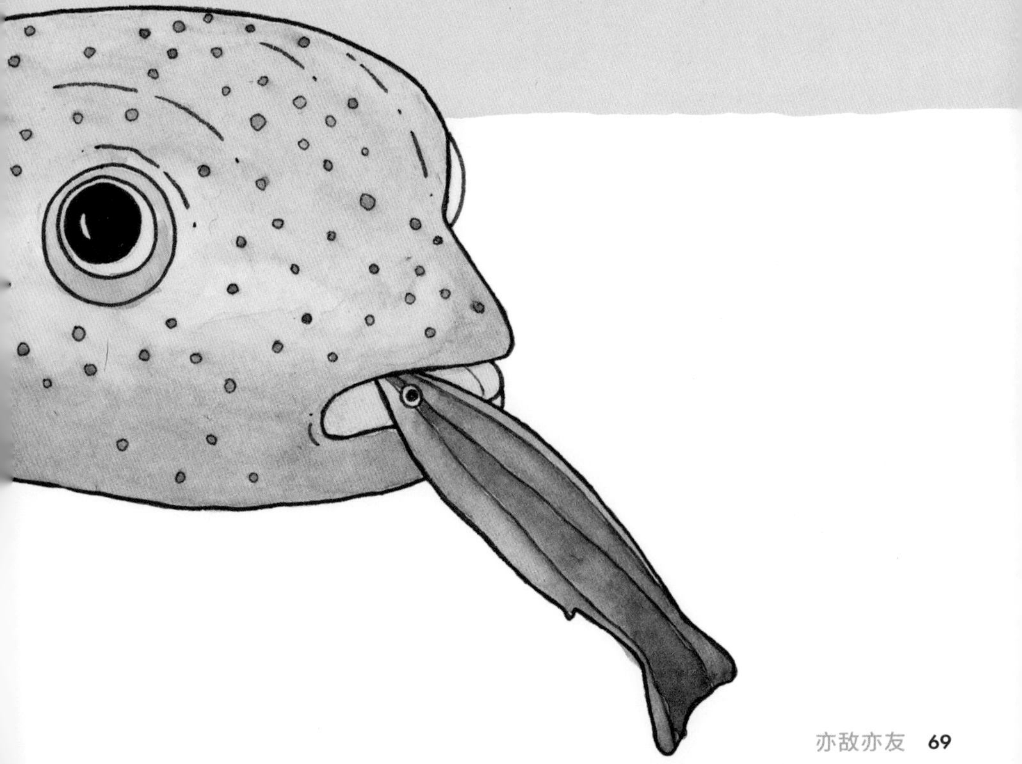

花纹细螯蟹 这种小小的甲壳纲动物（最大的只有2.5厘米宽），长着带有紫色条纹的纤细的腿，蟹壳上装饰着一个个粉红色、棕色的马赛克般的图案和白色多边形的花纹，常见于岩石下的浅水中、多砾石的潮滩和珊瑚周围。花纹细螯蟹又名拳击蟹、啦啦队蟹等。和它的大多数甲壳纲同胞相比，它的盔甲更脆弱，而它的蟹螯又派不上什么用场。因此，花纹细螯蟹主要靠气势汹汹的样子吓唬别人来进行自卫。

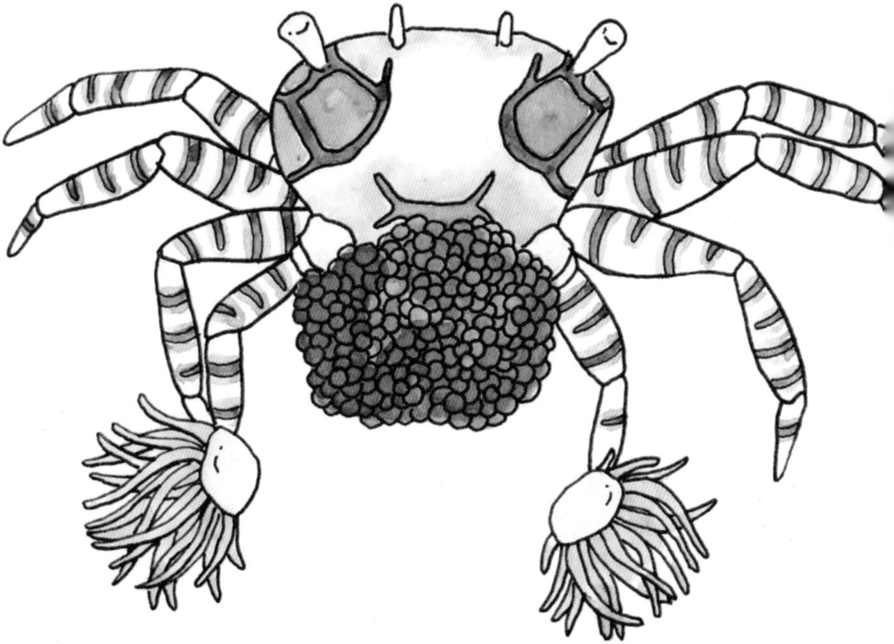

海葵 这种海葵比它们那些能够容纳小丑鱼的同类物种长得小得多，它们适应了攀附于活生生的生物身上的生活（大多数其他海葵永久附着在岩石上或海底）。它们也会分泌毒素，用一种麻痹性的神经毒素，弄晕鱼类和其他经过的海洋生物。对于它们的载体——花纹细螯蟹来说，这种神经毒素是一种非常有用的宝物。

一个有趣的事实：海葵的嘴巴也是它们的肛门。

海洋中的啦啦队队员

花纹细螯蟹和海葵

地点 印度洋

关系状态 被动攻击。花纹细螯蟹挥舞着小小的海葵——一共有三种海葵，它们就像啦啦队的装饰绒球或者拳击手套一样，它的每只蟹螯中各举着一只海葵，就像它时刻准备好进行一场体育比赛似的。但它这样做并不是为了扮可爱或者给谁加油：花纹细螯蟹挥舞着负载了海葵的蟹螯，是为了在潜在的捕食者面前，让自己看上去显得更魁梧、强悍。如果有需要的话，它们也会利用海葵的毒刺大打出手（有时热情是致命的）。

海葵的足吸盘吸附在花纹细螯蟹特殊进化的蟹螯上的一块平坦区域。因此，海葵的毒刺朝着外面，不会蜇刺到花纹细螯蟹。海葵也从中得到了一点好处：花纹细螯蟹会带着它们发现新的食物来源，并使它们能吃到海水中漂浮的残余食物。

但花纹细螯蟹得到的好处更多。如果没有这些“小绒球”，这些花纹细螯蟹就失去了蔽体之物。当它们蜕皮时，它们会暂时放下这些海葵。完事之后，还没等它们的蟹壳变硬，它们就迫不及待地把这些海葵重新“戴”上了。如果它们身边只有一个“小绒球”，它们会把唯一的海葵撕成两半，这样两只蟹螯上就都有海葵了。在找不到海葵的时候，花纹细螯蟹有时会用海绵或者珊瑚替代海葵，戴上它们冲着对手张牙舞爪。

要点 狂热是致命的。

有争议的友情

犀牛和牛椋鸟

地点 南非和中非

关系状态 欺骗性的。多少年来，人类一直以为，犀牛和牛椋鸟的关系实在太好了。我们羡慕它们的亲密无间和相互信任。牛椋鸟骑在犀牛的背上，替它啄去耳屎和小虫。而犀牛则送牛椋鸟一顿顿可口的体外寄生虫盛宴。但近期有证据表明，它俩之间的这种互惠关系，似乎并没有那么健康。

没错，牛椋鸟会给犀牛除去寄生虫——这些寄生虫长在犀牛自己够不到的地方。但在享受寄生虫盛宴的同时，牛椋鸟常常会再次啄开犀牛身上那些被寄生虫咬出来的伤口，使犀牛再次遭受感染。有时——这是真的——牛椋鸟甚至直接吸食犀牛的血。牛椋鸟也许会以为，它们是在帮犀牛的忙，但它们往往最终也扮演着寄生虫的角色。

牛椋鸟的确做了一件能让友谊长青的好事，这也许能挽回一些它们的过失：当它们发现危险时，它们会向上飞起，发出惊叫声报警。这能帮到犀牛——因为它们的视力很差。

要点 小心你的吸血鬼朋友。

牛椋鸟 喜欢吃虫的牛椋鸟外向友好、足智多谋，它们长着棕色的羽毛和鲜红色或鲜黄色的宽大鸟喙。常常栖停在犀牛（还有其他短毛的大型哺乳动物，比如牛）身上的是黄嘴牛椋鸟。它们会从犀牛的背部和耳朵中啄出壁虱和马蝇的幼虫，并一口吃了它们。它们也被称为食虱鸟，原因显而易见。这些鸟儿是一夫一妻制，但如果它们的伴侣死了，它们也会另找一个新的伴侣。它们在树洞中筑巢，并用它们从宿主身上拔下的毛发，铺垫它们的巢穴。牛椋鸟曾一度濒临灭绝，但它们现在的境遇好多了。

犀牛 一些有角的大型食草动物，其实远没有它们看上去那样强壮。野生犀牛极度濒危，一些种类的犀牛因它们威风凛凛的犀牛角，遭到猎杀而几近灭绝。犀牛的视力很糟糕，因此它们主要依赖嗅觉和听觉来发现危险。尽管犀牛皮很厚实、很粗糙，布满褶皱就像盔甲一样，但实际上犀牛皮很容易被晒伤、遭受昆虫叮咬或被割伤。为了保护它们的皮肤不被阳光晒伤，犀牛会经常进行泥浴。泥浆在它们的皮肤上变干之后，就形成了一层保护膜。

雄性鮟鱇鱼 雄性鮟鱇鱼长得很小，它们也没有捕获食物用的发光棒，这和它们的配偶形成了鲜明的对比。事实上，它们几乎无法喂饱自己，也几乎无法独立生存。它们在深海中来回游动，直到它们找到了一个伴侣。很多雄性鮟鱇鱼在找到配偶前就死了。但它们也有一个优点：它们的嗅觉非常灵敏——它们会利用敏锐的嗅觉到处嗅闻，寻找雌性鮟鱇鱼的气味。一旦它们遇到彼此后，它们就会幸福地生活在一起。好吧，并不完全是这样……

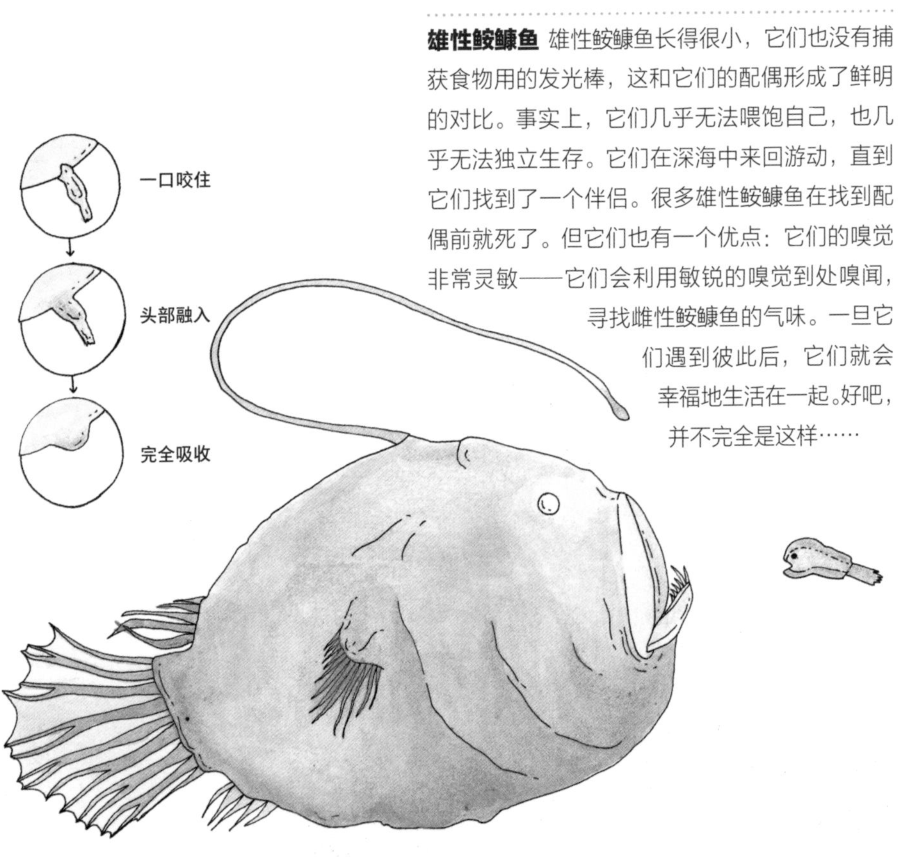

雌性鮟鱇鱼 这些半透明、肉鼓鼓、呈球形的鱼，长着超大的脑袋、突兀的长牙、张开的大嘴，外表很恐怖。它们的嘴巴和胃能膨胀得很大，因此它们能吞下比自己大一倍的猎物。它们的一部分脊柱从它们的前额上伸出，就像一根大钓竿，它们也因此而得名（鮟鱇鱼的英文为anglerfish）。这根“钓竿”上分布着不少生物发光的细菌，这些细菌是它们通过发光诱捕猎物的工具。此外，还有一些闪闪发光的“卷须”，从鮟鱇鱼的下巴上垂下。

附件的问题

鮟鱇鱼的寄生伴侣

地点 幽暗的海洋深处

关系状态 附着在对方的臀部或腹部上。在遇见雌鱼之后，雄性鮟鱇鱼就立即咬住雌鱼的腹部不放，以这种尴尬的姿势表达它的爱慕之情。于是，雌鱼的肉中释放出一种酶，这种酶开始溶解雄鱼嘴巴周围的肉。雄鱼继续溶解到雌鱼体内，先是它的外部身体，然后是它的内脏，最后它们开始分享血液。很快雄鱼就会变成附着在雌鱼身侧的一个肿块了——准确地说，是一大块生殖腺，其唯一的作用是产生精子，使雌鱼的卵子能够受精。

全身溶解，直到成为附着在另一条鱼身上的一对精巢——好像这样还不够糟糕似的，这可怜的家伙甚至都不是雌鱼的唯一伴侣。在雌鮟鱇鱼的一生中，它最多会吸收8条雄鱼的身体。这些雄鱼将一直充当它身体的一部分，直到它死去。

要点 我会让时空静止，和你融为一体（融化我的全部内脏）。

真实的蚂蚁农场

蚂蚁和蚜虫

地点 到处

关系状态 挤它的“奶”。蚜虫被戏称为“蚁牛”。蚜虫吸吮树液，从植物的维管系统中吸收养分，并分泌额外的糖分，它分泌的甜味物质称为“蜜露”。蚂蚁喜欢吃蜜露。因此它们会挤蚜虫的“奶”（蜜露）（这是真的）。

首先，蚂蚁会从它们的足部散发出一种化学物质，让蚜虫乖乖合作。如果蚜虫不听话，蚂蚁就会咬下蚜虫的翅膀，防止它们逃走。随后，蚂蚁用它们的触角抚摩蚜虫的腹部，从蚜虫的背部挤出一滴蜜露，蚂蚁会收集这滴蜜露以供蚁群享用，或自己吸食。蚂蚁甚至会训练它们的蚜虫“畜群”，让它们学会在需要时生产蜜露。如果蚜虫没有产出蜜露，蚂蚁就会吃了它们。

但蚜虫也能得到一点小小的回报：保护。一些蚂蚁会向蚜虫开放它们的地下巢穴，给蚜虫和蚜虫的卵提供庇护之所；蚂蚁会袭击捕食昆虫；蚂蚁会强行拖走受到感染的蚜虫，防止疾病大规模传染；甚至还会引导蚜虫找到最成熟美味的食物来源。但这是一种操纵性的控制行为，目的是让蚜虫留在自己身边，生产更多的蜜露。当一只蚁后离开原来的蚁群，建立一个新的蚁群时，它往往会带走一些蚁牛，确保自己日后能拥有一个蚜虫畜群。

要点 哞哞，哞哞。

蚂蚁 任何一个家里有厨房的人都知道，想要不看到蚂蚁很难，想要避开它们更难。在世界各地的每一块土地上——除南极洲和少数荒无人烟的岛屿之外，都有蚂蚁的踪迹。迄今为止，在地球上发现的蚂蚁，超过1.5万种。大多数蚂蚁都是群居动物。在一个蚁群中，有一个或多个可繁殖、长翅膀的蚁后，统治着无数不生育、不长翅膀的工蚁和兵蚁，保证蚁穴能有序运营。蚁群常常被描述为“超个体”：每一个个体的智能都极其有限，但作为一个整体，这一复杂的体系能够完美无瑕地有效运转。蚂蚁团队能完成很多了不起的工作：建造房屋、挖掘洞穴、相互交流、解决复杂的问题、参与战斗，它们还会经营农场。

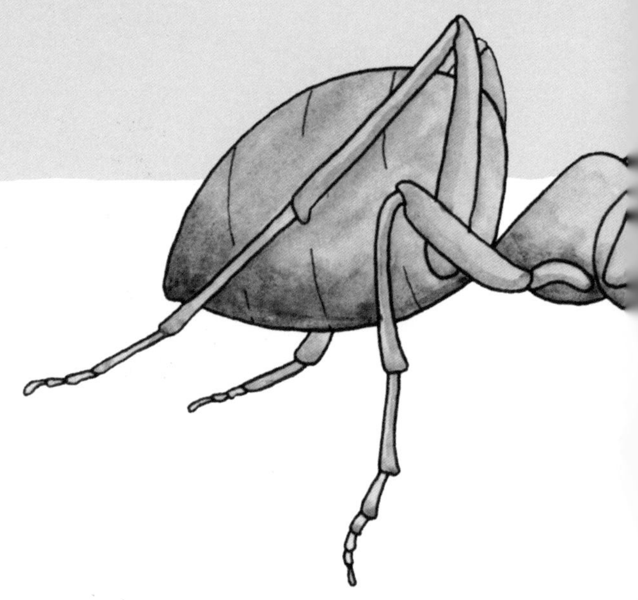

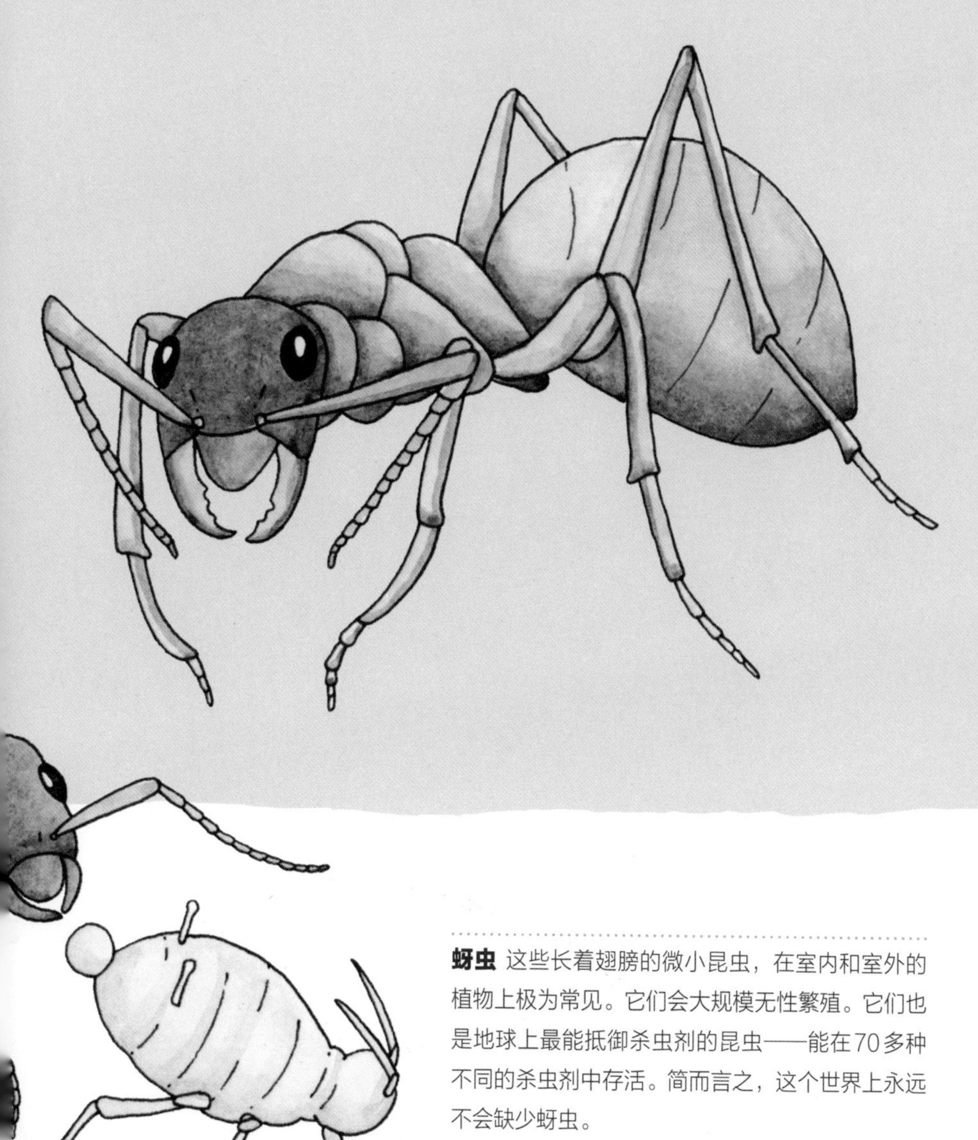

蚜虫 这些长着翅膀的微小昆虫，在室内和室外的植物上极为常见。它们会大规模无性繁殖。它们也是地球上最能抵御杀虫剂的昆虫——能在70多种不同的杀虫剂中存活。简而言之，这个世界上永远不会缺少蚜虫。

蓝鲸
小露脊鲸
南露脊鲸
小须鲸
鳁鲸
座头鲸
长须鲸
弓头鲸

搭长途便车

须鲸和藤壶

地点 所有海洋中

关系状态 牢不可破。在它们的生命之初，藤壶是一些自由漂浮的幼虫，大多出现在鲸会进行繁殖的较为温暖的海域中。当藤壶的幼虫遇到了一头鲸之后，它们就会爬到鲸身上，并分泌出一种类似水泥般的物质，将自己牢牢黏在鲸身上。哇！一个可以永久居住的移动家园到手了。它们欣然依附在鲸的皮肤上。当鲸游弋时，它们就能从一路流过的海水中，获得氧气和营养物质。它们会用自己那小小的、羽毛般的蔓足，一路采食浮游生物。

对于一些鲸来说，藤壶那坚硬、鳞状的外壳可以充当盔甲，能在它们受到诸如逆戟鲸等凶残的捕食者攻击时提供保护。有的须鲸能快速逃离这些杀手。但有些鲸类，包括座头鲸、露脊鲸、弓头鲸和灰鲸等，动作太慢，无法逃脱这些杀手，只能硬着头皮和这些捕食者较量一番，而藤壶盔甲说不定能救它们一命，但一套藤壶盔甲非常沉重。一头鲸至多能负载约450千克的藤壶。负载这些小小的甲壳纲动物，就像穿上一件石头做的衬衫。而且一旦“穿上”了这件衬衫，就再也没机会脱下来了。

一个超酷的意外进展是，科学家们正在研究一些来自冰河时代的藤壶化石，以了解鲸类的迁徙路线。循着这些藤壶的踪迹，就能跟上鲸的脚步。

要点 黏上你，直到永远。

须鲸 须鲸是鲸类中的一个亚目，包括露脊鲸科、小露脊鲸科、灰鲸科和须鲸科。须鲸没有牙齿，但有坚硬的、筛板般的鲸须板，从它们的上颚垂悬下来，能用来滤食磷虾、浮游生物和小鱼。须鲸的身躯也很庞大。蓝鲸就是一种须鲸，能长到190吨重，它们是世界上最大的动物。须鲸喜欢四处游荡和交流，它们在地球上的各片海洋中穿梭迁徙，通过歌声和同类交流。它们的歌声是世间最错综复杂的沟通形式之一，仅次于人类的语言。据观察，它们创造的音乐会季节性地发生变化，就像流行音乐流行了一段时间后，又不流行了一样。它们从海水中过滤食物、浮出水面进行呼吸。它们身上有一层高质量的鲸脂，能让它们保暖。

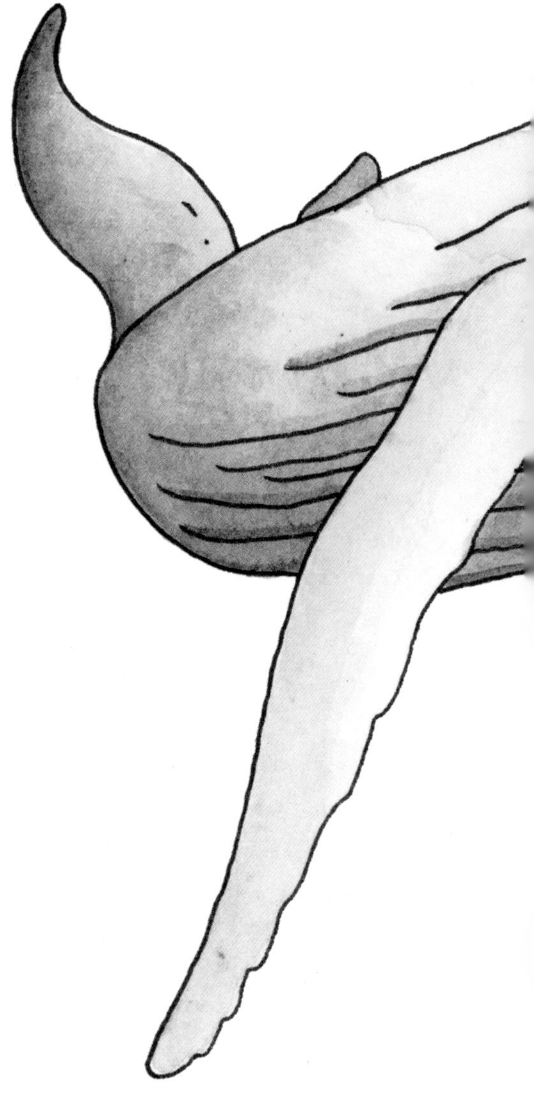

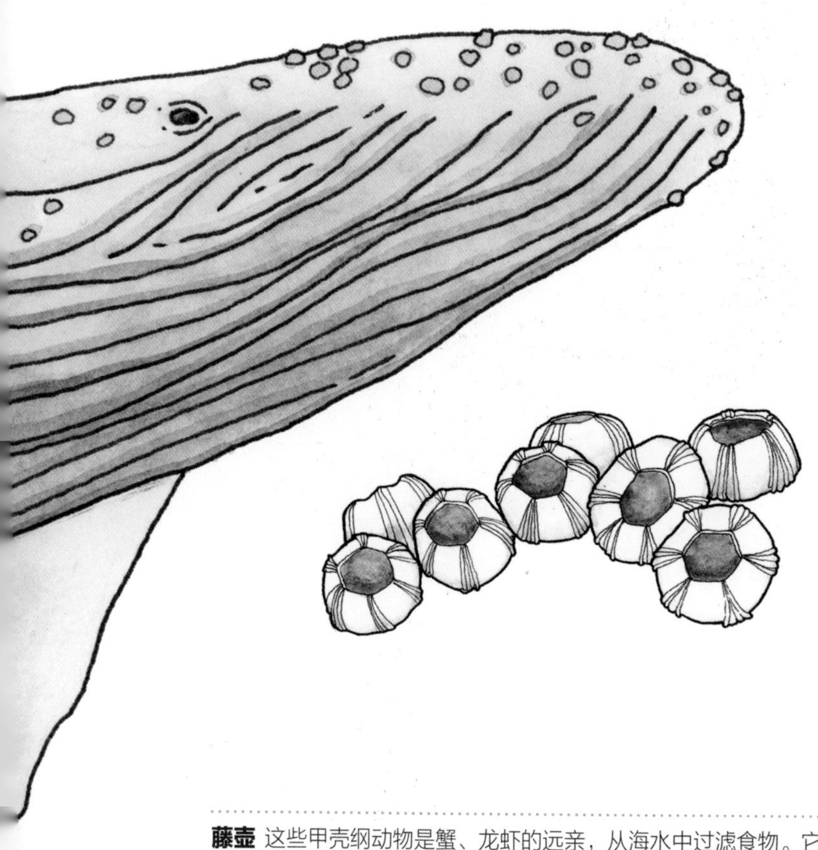

藤壶 这些甲壳纲动物是蟹、龙虾的远亲，从海水中过滤食物。它们会附着在物体表面，给自己打造一层能生活在其中的坚硬钙质外壳，就此安定下来。藤壶共有1000多种不同类型，大多数类型的藤壶生活在浅海中或潮汐水域中。它们将自己黏在岩石、码头、船只上，甚至黏在蟹和海龟的外壳上。

查尔斯·达尔文尤其喜爱藤壶。在将近10年的漫长岁月中，他一直在解剖藤壶并撰写相关论文。这些细致的研究，为他的自然选择理论奠定了基础，而这一理论正是现代生物学的基石。

模仿难吃的生物

黑脉金斑蝶和副王蛱蝶

地点 北美洲

关系状态 完美搭配。如果这两种蝴蝶中的一种从你面前飞过，你很难区分谁是谁：这两种蝴蝶的翅膀上，长着几乎一模一样的橙黄色相间的花纹，尽管副王蛱蝶体形更小，飞行路线相对不规则一些，而且它的每片后翅上，多了一条贯穿整片翅膀的黑色条纹。

这两种蝴蝶最大的区别在于它们的行为截然不同。黑脉金斑蝶每年从美国北部和加拿大出发，一路迁徙到墨西哥，然后再返回。在它们动身上路之前，它们将卵产在乳草属植物上。对大多数动物而言，乳草属植物都是有毒的；但对黑脉金斑蝶来说，却是无毒的。它们喜欢这种植物。这种蝴蝶的毛虫，啃食了大量的乳草属植物，并在不到一个月的时间中，使自己的体重增长到出生时的2700倍。而且这种植物中的毒素，在毛虫变成蝴蝶后很久，仍然保留在这些昆虫的体内，这足以让不少捕食者——主要是鸟类和黄蜂，对它们敬而远之。

而副王蛱蝶喜欢待在一个地方不动——它们的活动范围，从加拿大中部一直延伸到墨西哥北部。此外，它们的幼虫不吃乳草属植物，而以柳树、白杨和三角叶杨为食。

多年以来，鳞翅目昆虫专家们一直以为，副王蛱蝶的外表酷似黑脉金斑蝶，这是贝氏拟态的经典范例。贝氏拟态指的是：无害生物通过进化，使自己的外貌酷似有毒或气味难闻的生物。其目的是，让捕食者误以为，这些无害的模仿者也是危险的。

科学家们一度认为，副王蛱蝶模仿黑脉金斑蝶是为了欺骗捕食者，让它们不要靠近。但事实上，副王蛱蝶食用的那些树叶所分泌的水杨酸，也足以让捕食者倒尽胃口。现在科学家们认为，对捕食者来说，副王蛱蝶比黑脉金斑蝶更加难吃，因此更有可能是这两种蝴蝶在相互模仿。这称为缪氏拟态——两种有毒物种通过模拟彼此的进化方式，进一步保障自己的生存。

要点 模仿（一个难吃的朋友）是最真诚的恭维。

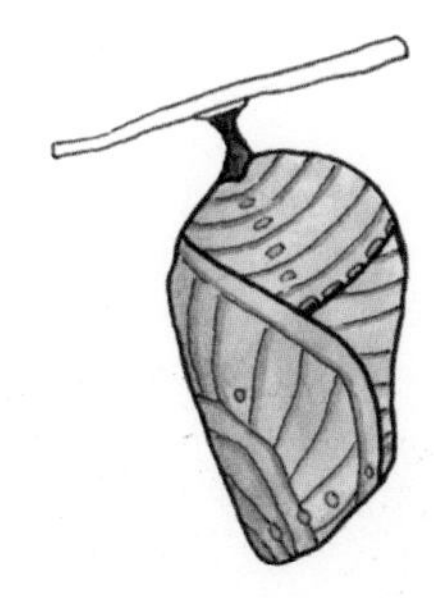

黑脉金斑蝶 一种橙色与黑色间杂的蝴蝶，在美洲腹地穿行，对很多捕食者来说，这种蝴蝶是有毒的，要不然就是味道太苦了。

副王蛱蝶 一种橙色和黑色间杂的蝴蝶，在美洲腹地穿行，对很多捕食者来说，这种蝴蝶是有毒的，要不然就是味道太苦了。

缪氏拟态 难吃或有毒的不同物种，通过进化，彼此模仿，以减少总的被捕食率。当多个物种参与这一过程时，就形成了一条拟态链。

恶心

虎纹拟态集团

恶心

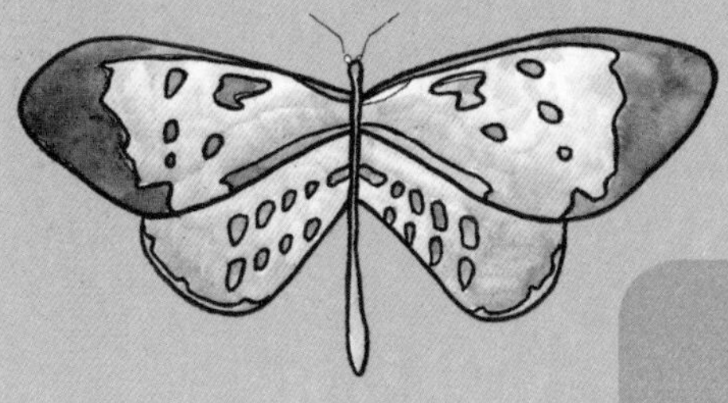

恶心

话题

拟态

自然界的装腔作势者

东部珊瑚蛇（有毒）

贝氏拟态 一种可以食用、无毒的生物，通过进化模仿其他物种，以躲避并欺骗捕食者。

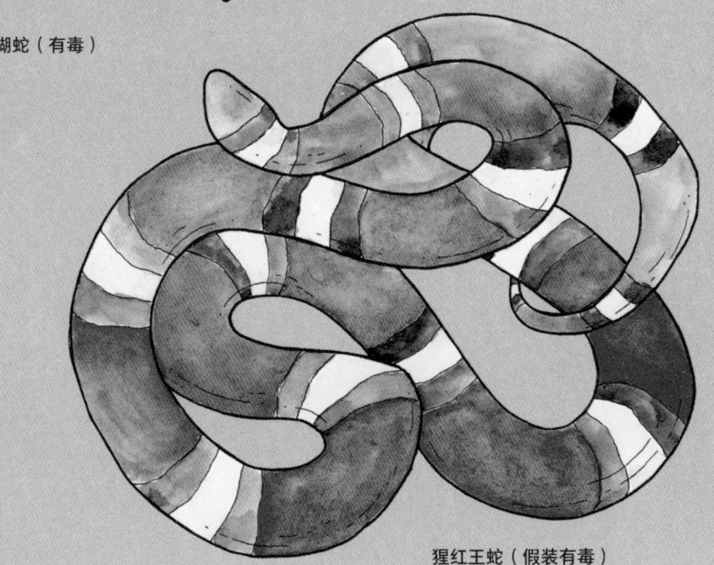

猩红王蛇（假装有毒）

领地不明

珍珠鱼和海参

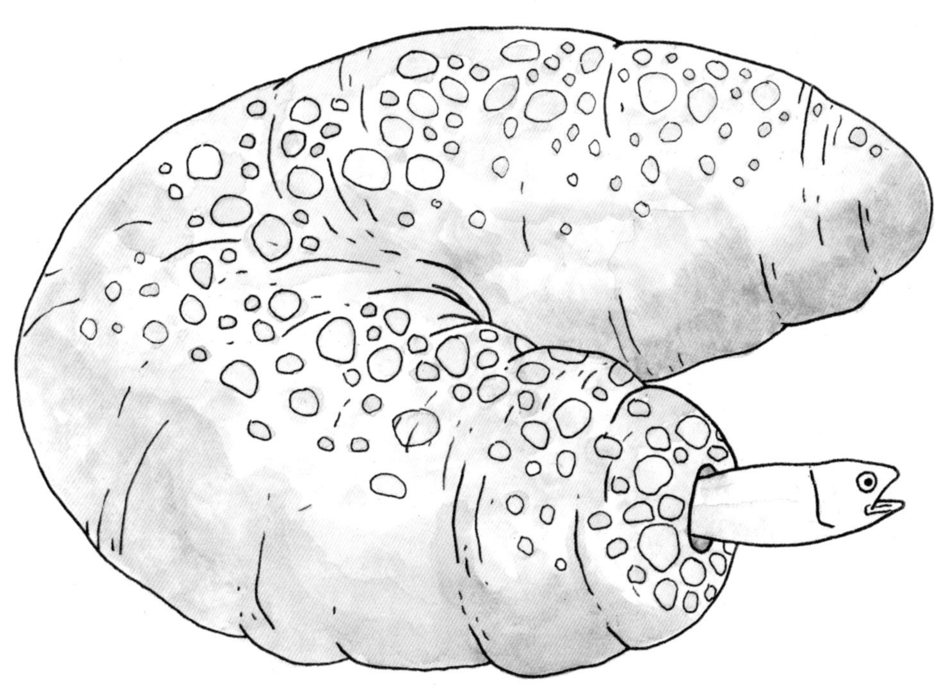

地点 深海中

关系状态 真的很怪异。不知什么时候，一些珍珠鱼偶然发现了一个让人啼笑皆非的栖息地：海参的肛门。身长约15厘米的珍珠鱼，是被海参“呼吸”产生的水流吸引过去的。当海参的泄殖腔打开时，珍珠鱼就脑袋朝外倒退着穿进去。这样，它仍然能看到外面的海洋中在发生什么。它一直待在那个风水宝地，把自己藏得好好的，直到夜幕降临。

但是，有时珍珠鱼并不只是待在那儿一动不动。它会啃食海参的内脏，特别是海参的性腺。一旦出现了这样的情况，海参就会采取一种绝妙的自我内脏去除大法，将珍珠鱼驱赶出来（同时排出的还有它自己的内脏，不过它的内脏随后会重新长出来）。

一些海参对这些爱揩油的鱼的容忍度为零。这些幸运的海参进化出了肛齿——这是警示外来者，禁止出入它们的个人通道的绝佳方式。

要点 提防“泄殖腔和匕首”运作。

海参 这些奇特的无脊椎动物身材细长，形似黄瓜，身体柔软，它们是棘皮动物家族的成员——可以说，它们是海星和海胆的远亲。它们和海蚯蚓一样，帮忙分解、再循环海洋中的各种颗粒物：从海藻到鱼的粪便不一而足，为细菌制造养分，然后再以这些细菌为食。海参呼吸海水——从口腔中吸入，从肛门（或称为“泄殖腔”）中排出，并在这一过程中采食那些微小的食物颗粒。小小的、触须状的足，能帮助它们在海底穿行并采集食物。大多数海参有30厘米长，但最大的品种能长到近3米长。

受到威胁时，一些海参会通过清除自己内脏的方式，来进行反击。没错，它们会排出自己的内脏器官——从它们的肛门中排出自己的肠子。在此之后还追着不放的捕食者，一定很绝望。

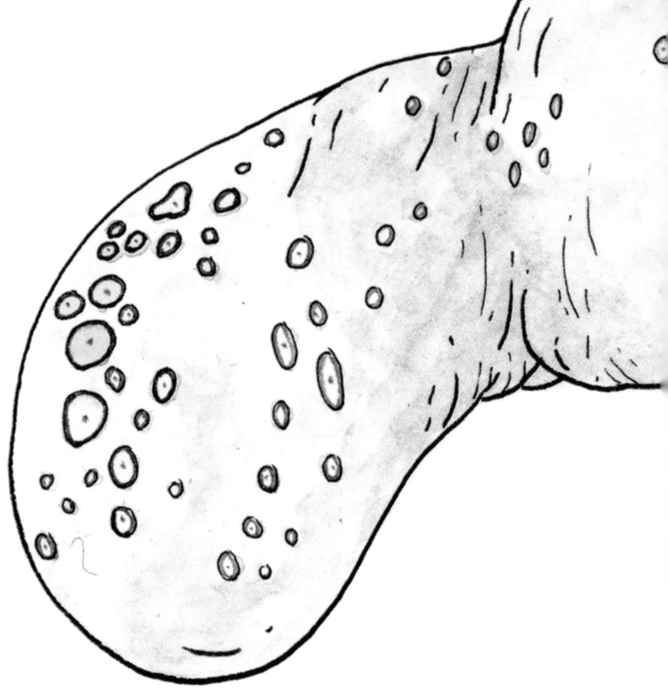

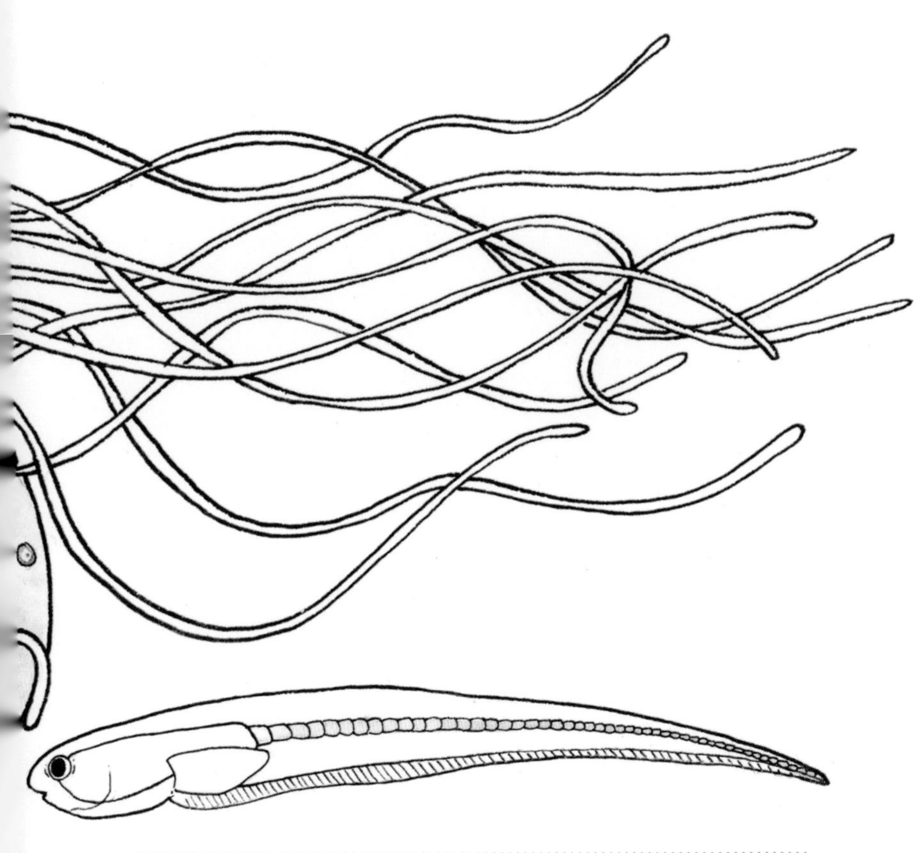

珍珠鱼 这种身材苗条、半透明的、形似鳝鱼的热带鱼没有鳞片，它们充分利用自己光滑的身体，栖居在其他鱼类去不了的地方：其他海洋生物的身体或体腔内。它们有这样一个名字，是因为人类首次发现这种生物时，它位于一只牡蛎的贝壳中，已经死去，并且变成了珍珠。

白天，珍珠鱼藏身在它们选中的生物的孔窍中，晚上则出来捕食。

第三章

敌人

寄生关系

寄生关系(parasitism)是一桩讨厌的买卖。这种关系中使坏的一方，常常吸食那不幸的被寄生生物的血液，吸取它们的精力，吸干它们的生命力（尽管对寄生生物来说，让宿主活得越久越好。因为唯有这样，它们才能受益更久，这才符合它们的最大利益）。

自然界中充斥着形形色色的寄生生物，包括植物、动物和真菌。它们中有体外寄生生物，寄居在其他生命体的皮肤或毛发中；也有体内寄生生物，生活在受害者的体内；有偷窃寄生生物，会偷取宿主的食物；还有社会寄生生物，会欺骗其他生物甚至自己同类中不如它们的生物，或者从这些生物那儿偷窃为生。

动物之间的寄生关系形式繁多，风格迥异：有的令人悲伤，有的着实怪异，而有的会吓得你晚上睡不着觉。

一场进化的军备竞赛

粗皮渍螈和束带蛇

地点 北美洲西部

关系状态 有毒。束带蛇不会让粗皮渍螈的一点点毒素，或者大量的毒素，影响它们吃粗皮渍螈。于是，束带蛇和粗皮渍螈陷入了一场军备竞赛式的进化比赛，它们已经较量了世世代代。束带蛇自己的唾液中也会分泌毒素，但其毒性远远没有那么强。束带蛇对粗皮渍螈的毒素产生了抵抗力，作为回应，粗皮渍螈进化出了一种前所未有的浓缩毒素。

事实上，一些粗皮渍螈现在能够产生的毒素，足以杀死成千上万只老鼠或多达20个成年人，但这样还不够。束带蛇仍然会缠死它们，而粗皮渍螈现在还不能在它们的皮脂腺中保存更多毒素。

要点 直到死亡（由于毒素过多）才能把我们分开。

束带蛇 这种对人类来说无害的、中等大小的蛇，在整个北美洲的不同栖息地中广泛分布，常常出没在靠近水源的区域。雌性束带蛇会释放出有气味的化学物质（信息素）吸引一大群雄蛇，雄蛇们会团团围住雌蛇，形成一个缠绕在一起的蛇组成的大球。一些善于欺骗的雄蛇会发出雌蛇的信息素，将其他雄蛇引开，然后当所有的竞争对手都游向别处时，它就飞快地游向雌蛇。

只要是会动的、食道能够容下（它会囫囵吞下）的东西，束带蛇都吃：蠕虫、小型啮齿动物、鸟、鱼、水蛭、鼻涕虫、蟋蟀、米诺鱼和蚂蚁。但它们特别喜欢吃两栖动物，而且极其爱吃这种致命的蝾螈。

粗皮渍螈 别去吃它们的肉。真的，千万别吃它们，即便你快饿死了也别吃，千万别冒险。一个29岁的男子冒了一把险，马上就倒地死亡了。

这些中型蝾螈，背部是棕色的，腹部是鲜黄色或橙色的，它们是地球上毒性最强的动物之一。当它们受到威胁时，这些蝾螈会卷起它们的尾巴，把颈部弯成弓形，亮出自己的肚皮，这是让对方退后的警示信号：我是有毒的。它们的确有毒：这种蝾螈进化出高水平的毒素，这些毒素藏在它们的皮脂腺中。这种毒素称为河豚毒素，是一种神经毒素，和致命的河豚体内的毒素是同一种。那些不幸或愚蠢地摄入这种毒素的家伙，很快就会瘫痪并常常因此而死亡。即便这种蝾螈的卵也含有毒素，但对于肉食性昆虫来说，那是一种难以抗拒的美味佳肴。

这些蝾螈在水中繁殖，雄性蝾螈会通过它脚趾上隆起的“婚垫”，爬到雌性蝾螈的背上。只有在繁殖季中，它们才会长出这种“婚垫”。

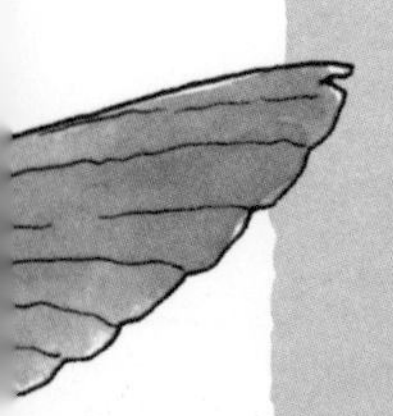

搭乘鸟鼻的不速之客

蜂鸟、花螨和希茉莉

地点 美洲热带和亚热带地区

关系状态 螨虫的快速交通系统。当一只蜂鸟盘旋在一朵希茉莉上采集蜜露、散播花粉时，螨虫就会跳进蜂鸟的鼻腔中，随着蜂鸟的呼吸嗅着花香。不同种类的螨虫以不同种类的花朵为食，尽管多种螨虫会共享同一只鸟儿的鼻孔。当这些小不点乘客嗅到了它们喜欢的花的气味（螨虫没有眼睛，它们依赖嗅觉和触觉采取行动），它们就从鸟喙上猛冲下来。

这样的安排对螨虫来说的确好极了，但对空运三人组的其他两位来说太讨厌了：虽然螨虫很小，但它们大量蜂拥而至、挤到花中，而且吃的和一只成年蜂鸟吃的一样多。它们和它们的蜂鸟宿主争抢食物，也大大降低了花朵授粉的概率。

要点 两个是伙伴，三百个是灾难。

蜂鸟 这些小小的鸟儿从一朵花上飞到另一朵花时，翅膀振动会发出一种高频率的嗡嗡声，它们以50次/秒的速度，呈“8”字形盘旋并不断拍动翅膀。品种最大的蜂鸟约12厘米长。最小品种的蜂鸟只有5厘米长，还没有一个5毛钱的硬币重。蜂鸟每天消耗的花蜜比它们的体重还多，几乎是所有动物中新陈代谢最快的。当食物缺乏时，它们就会进入“蛰伏”状态，以保存能量，这时它们的新陈代谢率会放慢，降至正常情况下的1/5。当它们向前或向后飞行时——它们的飞行速度可达56千米/时，它们的心脏每分钟跳动可达1260次之多。

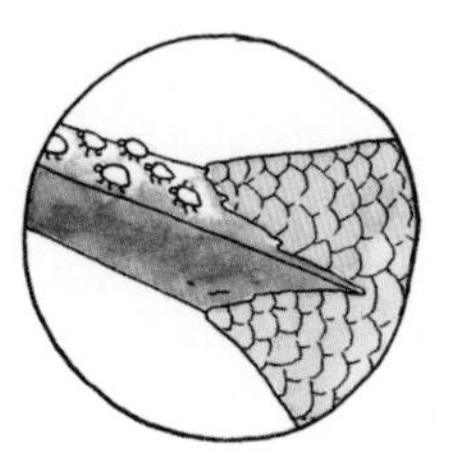

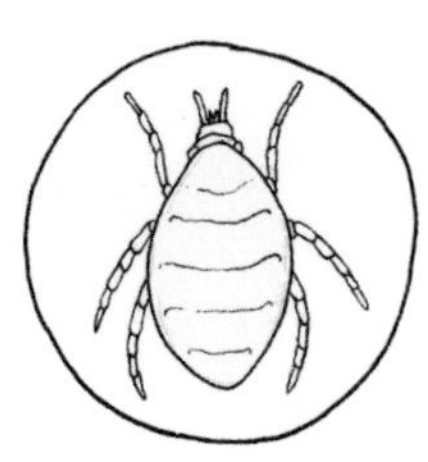

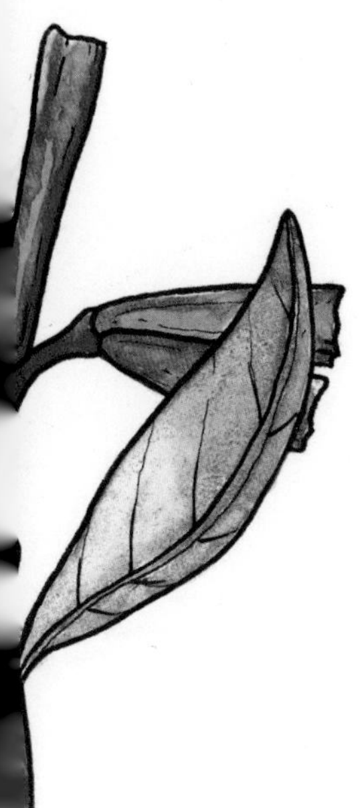

花螨 小东西往往是讨厌的：这些微小的昆虫只有约0.12毫米长，它们是著名的“花蜜大盗”，因为它们会吃掉一朵花多达40%的可提取花蜜和50%的花粉。随后它们会进行交配，产下数量惊人的卵，然后以每秒移动体长的12倍的速度——和猎豹相对于体长的奔跑速度相等，奔向下一朵花。但如果没有“搭便车”，它们就无法抵达距离它们太远的花朵。

希茉莉 这些咖啡属茜草科的常绿灌木，也被称为“火灌木”或“红茉莉”。希茉莉那细长的、橘红色的花朵很容易辨识，它们完美适应了蜂鸟的鸟喙。

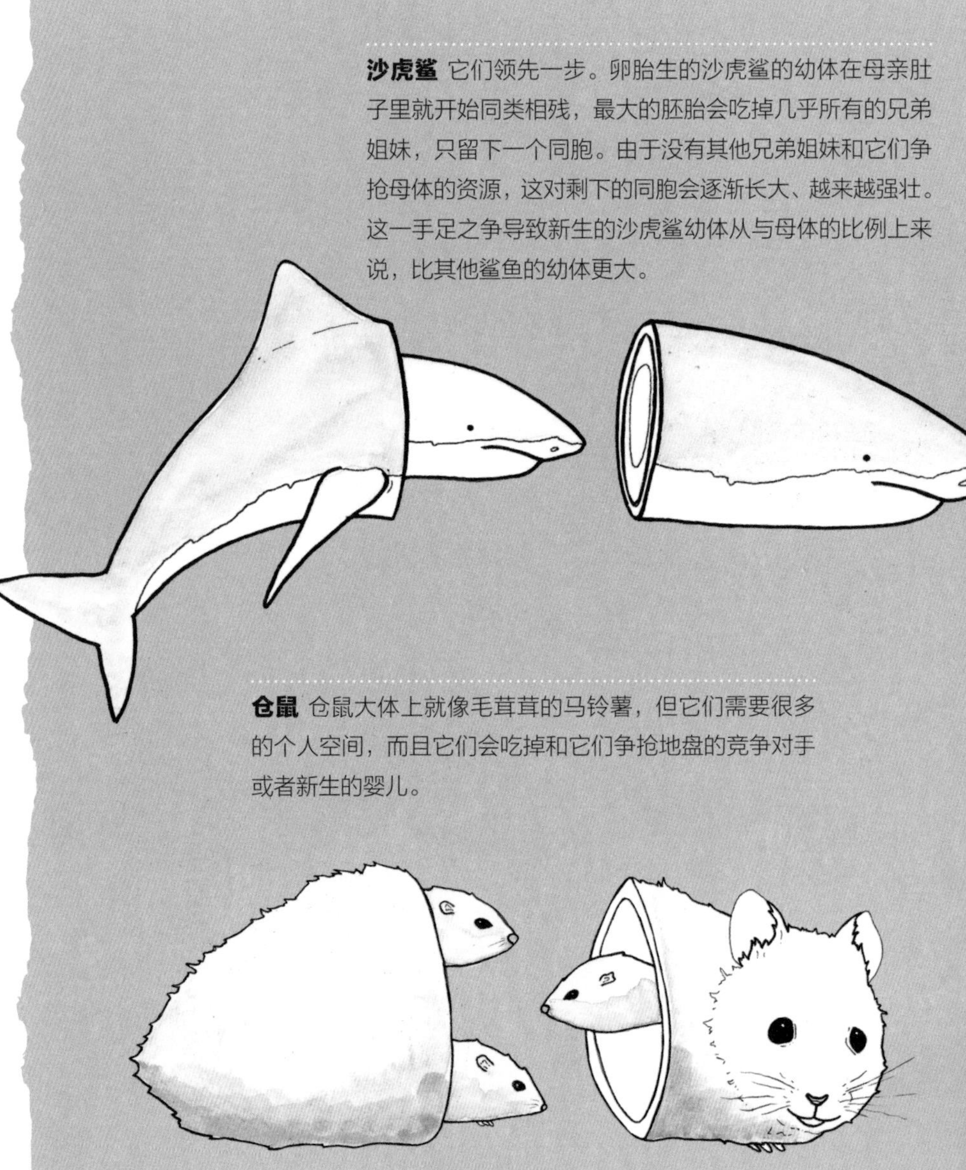

沙虎鲨 它们领先一步。卵胎生的沙虎鲨的幼体在母亲肚子里就开始同类相残，最大的胚胎会吃掉几乎所有的兄弟姐妹，只留下一个同胞。由于没有其他兄弟姐妹和它们争抢母体的资源，这对剩下的同胞会逐渐长大、越来越强壮。这一手足之争导致新生的沙虎鲨幼体从与母体的比例上来说，比其他鲨鱼的幼体更大。

仓鼠 仓鼠大体上就像毛茸茸的马铃薯，但它们需要很多的个人空间，而且它们会吃掉和它们争抢地盘的竞争对手或者新生的婴儿。

话题

动物王国的同类相食者

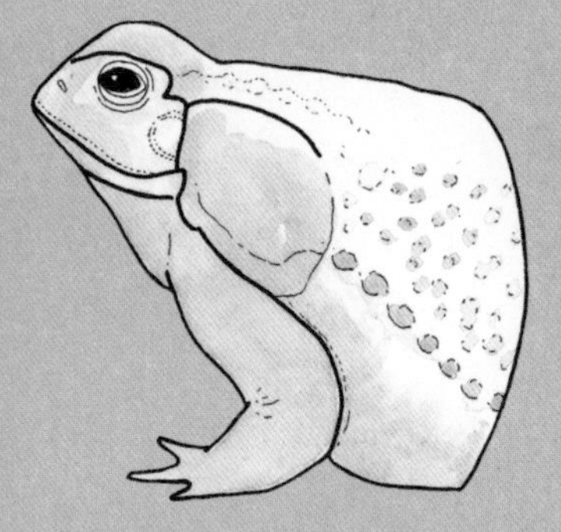

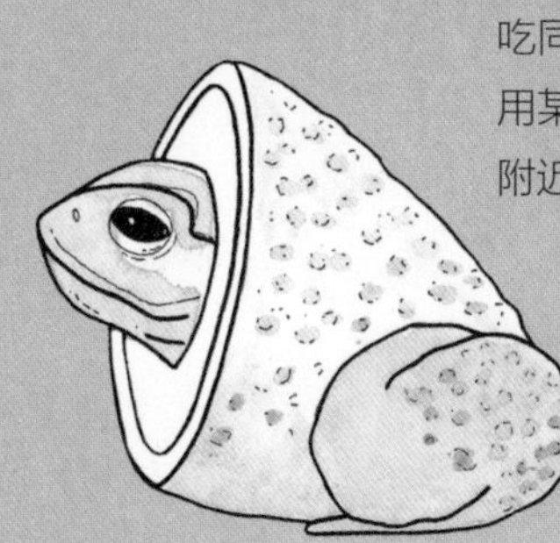

海嗲蟾 海嗲蟾的蝌蚪吃同类的卵，它们会利用某种化学传感器发现附近的海嗲蟾卵。

虎螈 有的幼体是正常的，而有的却变成了长着大脑袋、尖牙齿的同类相食者。在自己亲属周围长大的虎螈，不太可能会对它们产生食欲。

飘飘荡荡、互相依赖

海獭、海胆和巨藻

地点 太平洋

关系状态 大片美丽的巨藻——如果一切都实现了平衡的话。巨藻保护海獭。海獭吃海胆。海胆吃海藻。如果没有海獭遏制海胆，海胆就会疯了似的把整个巨藻森林全部吃光，并将这一度欣欣向荣的生态系统，蜕变成一个“海胆成灾”的荒凉世界——到处都是海胆，除此之外一无所有。巨藻森林的消失，将导致其他物种覆灭。这将引起一种级联效应式的破坏，也将成为自然失去平衡的范例。如果这一系统的某一个部分出了乱子，那么整个系统就会分崩离析。

要点 没了巨藻，谁都活不了。

海胆 个子小小，长着棘刺，原始古老，没有大脑，什么都吃的一团东西——海胆沿着海底移动并寻找食物，它们利用足一样的吸盘，将自己向前推进并收集食物。为了躲避捕食者，海胆躲藏在岩石角落中，啃食巨藻上的剩余碎屑食物。

巨藻 巨藻是海洋生态系统的重要组成部分，它们为鱼类和其他海洋生物（包括海獭）提供食物和庇护所。海獭将自己裹在巨藻的叶片中睡觉，这样它们就能在海水中保持漂浮状态，也不会被水流冲走。这些海底森林发挥着和陆地上的森林大致相同的功效，能从空气中吸收大量的二氧化碳。

海獭 这些爱好嬉戏、毛茸茸的水下鼬形动物，是一种独一无二的海洋哺乳动物：和鲸、海豹、海象不同，它们真的长着手一般的爪子。因此它们能自如娴熟地翻转岩石，找到食物，并用力砸破水生甲壳类生物。在做这些事时，它们会仰躺着，将自己的肚皮当作工作台。海獭拥有所有海陆哺乳动物中最厚实的毛皮。不幸的是，它们曾经因此而被大量捕杀，在19世纪几近灭绝。现在它们已经强势回归了。

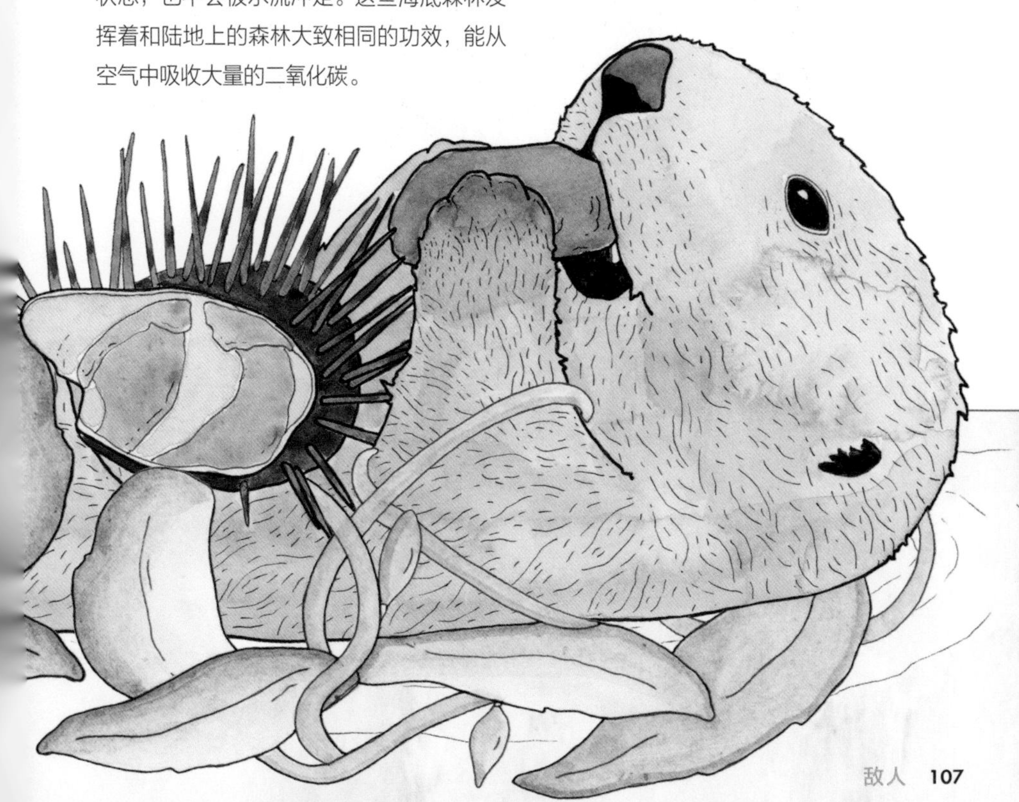

僵尸蚂蚁菌 这类古老的、极其特殊的寄生真菌——虫草菌，能感染个别种类的蚂蚁及其他昆虫，利用它们培育并传播孢子。科学家们怀疑，这些真菌从各块大陆分裂之前的远古时期，就已经开始改变蚂蚁的行为了：在德国发现的一个距今4800万年的树叶化石上的蚂蚁咬痕，说明这种昆虫当时已经被4800万年前的真菌所控制了。

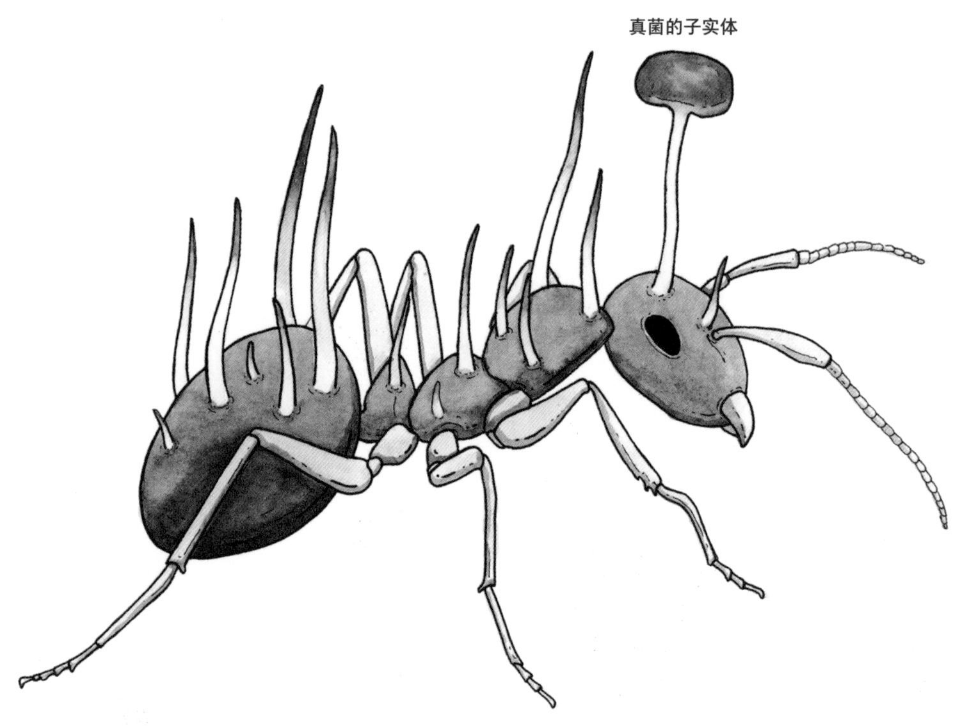

木匠蚁 这些森林中的大蚂蚁，最多能长到2.5厘米长，它们通过在潮湿、腐烂或中空的木头中咬出坑道、地道的方式筑巢。这些蚂蚁不吃木头，它们只是生活在木头中。它们搜寻死去的昆虫并以此为食。当它们找到了一只死去的昆虫后，它们会将它包围，吸食其体液，然后将昆虫干枯的外骨骼丢弃。嗯，美味……

虽生犹死

僵尸蚂蚁菌和木匠蚁

地点 世界各地的热带森林

关系状态 不是什么健康的关系。当昆虫接触到真菌孢子后，真菌会控制这种昆虫的神经系统：首先，蚂蚁会跌跌撞撞地绕着圈走。随后，它会爬到森林的地面上，啃咬叶片背面的主叶脉。在正常情况下，木匠蚁不会啃咬树叶，所以这是真菌得逞了。而且，由于真菌也侵入了蚂蚁下颌骨周围的肌肉中，蚂蚁无法赶走真菌：它被真菌牢牢控制了，就此沦陷并走向死亡。

现在，真菌开始从里到外地吃蚂蚁的内脏器官和身体组织。蚂蚁会在6小时内死亡。2到3个小时后，一个真菌芽会从死亡蚂蚁的脑后冒出来，并且长成真菌柄，并将它的孢子释放到下面的地面上，这一僵尸化和头部园艺的过程又要开始了。

然而，蚂蚁的确也有自己的防御机制：蚁群中的工蚁会识别出这些受到感染的僵尸蚂蚁，并赶在真菌在蚁穴中大肆传播之前，将它们清理出去，避免发生大规模感染事件。此外，还有另一些真菌会寄生感染这种寄生菌，它们主要通过压在这种真菌的上方，抑制僵尸孢子的释放，确保足够数量的蚂蚁能够生存下来，作为未来制作真菌三明治的原料。

要点 太会操纵别人了。

严重的控制问题

金小蜂和美洲大蠊

地点 南亚、非洲和太平洋岛屿

关系状态 残忍无情、自私自利。雌性金小蜂猛然扑向一只无辜的蟑螂，和它打斗一番后制服了它，随后它会刺向蟑螂喉咙上的一个特殊区域，导致蟑螂的前腿动弹不得。它的第二拨刺会刺向蟑螂的脑部附近，把蟑螂弄得晕头转向、乖乖臣服。接着，金小蜂咬下蟑螂的一半触须，快速喝几口血淋巴（蟑螂的血液）。随后，金小蜂拽着受害者的一根触须，将它拖进自己的地洞中。金小蜂将一颗白色的蛋卵产在蟑螂的腹部，用小碎石封住洞口，然后离开这儿，去抓更多的蟑螂来折磨。

而在它的巢穴中，那颗蛋卵孵化、变成幼虫，幼虫钻进还有呼吸的蟑螂的身体内，啃食它的内脏，只留下一些重要脏器，这是为了让它的宿主能尽量多活一段时间。随后幼虫吐丝作茧，分泌出一种抗菌物质，覆盖在蟑螂中空的残躯表面。数天之后，完全长大的金小蜂破茧而出，啃咬蟑螂的身体，给自己开出一条路来，然后飞走了。

要点 它们会把你生吞活剥。

美洲大蠊 这种滑溜溜、长翅膀、复原能力极强的红棕色食腐昆虫，大家都很嫌弃它们。美洲大蠊身长近3.8厘米，是各种常见蟑螂中最大的品种。但美洲大蠊并非源自美洲，它最初起源于非洲。1625年，这种蟑螂就搭乘西班牙的宝藏船，首次抵达了北美洲。如今，到处都有它们的踪影。它们的速度也很快：科学家们曾经记录到，美洲大蠊每秒钟奔跑的路程，是自己身长的50倍，相当于人类以338千米/时的速度狂奔。把蟑螂压在门缝下，也不能阻止它飞奔的脚步。早在约3.5亿年前，地球上就出现了蟑螂。无论大自然给蟑螂制造了什么麻烦，它似乎都招架得了——无论是什么麻烦，除一些翡翠绿色的金小蜂之外。

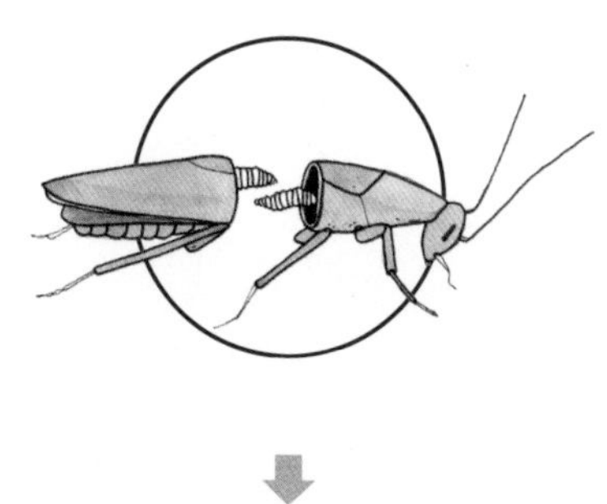

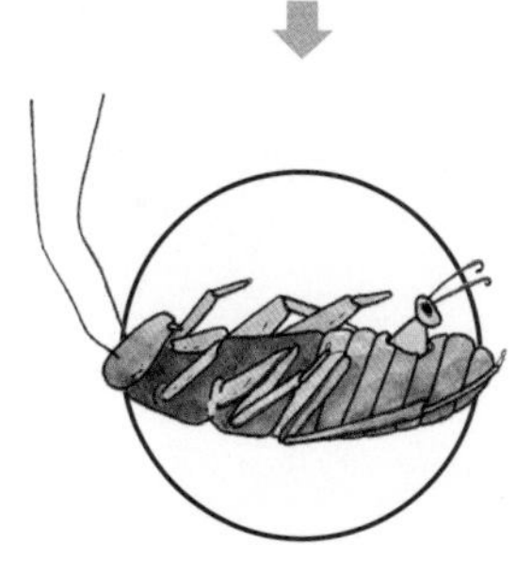

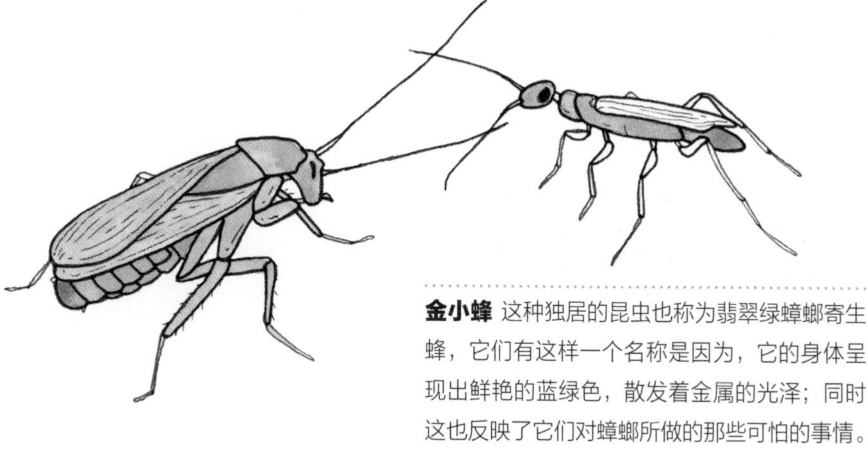

金小蜂 这种独居的昆虫也称为翡翠绿蟑螂寄生蜂，它们有这样一个名称是因为，它的身体呈现出鲜艳的蓝绿色，散发着金属的光泽；同时这也反映了它们对蟑螂所做的那些可怕的事情。

吸血蝙蝠 吸血蝙蝠是唯一完全以吸食血液为生的哺乳动物。白天，它们整天倒挂在一片漆黑的洞穴中睡觉。它们会集结成群，每个蝙蝠群由100到1000只蝙蝠组成。到了夜间，它们就出来觅食。这些富有传奇色彩的小生物，是恐怖故事中的主角，但它们其实非常可爱。它们不仅会飞行，还会用四肢走路甚至跑步。它们会将自己的翅膀当成拐杖，通过跳跃将自己推向空中，拇指最后离地。

吸血蝙蝠也是一种高度文明的动物。据我们所知，它们是除人类之外，唯一一种会报答别人所施恩惠的动物：对它们来说，所谓的报答就是分享血液。吸血蝙蝠吸食血液。有时，它们会把血液吐到另外一只蝙蝠的嘴巴里——这是一种真正的慷慨。它们用这种方式喂养自己的孩子（尽管小蝙蝠也会喝妈妈的奶）。这也是它们和其他蝙蝠维系感情的方式，如果它们想和对方交朋友的话。然后，当机会来临时，受到恩惠的蝙蝠也会回报对方，将自己来之不易的鲜血，吐出一些送给慷慨的朋友。蝙蝠也常常帮助喂养新的吸血蝙蝠妈妈，就像我们给邻居送去千层面一样——假如这份千层面的每一种成分都是血液的话。

家畜 鸡、奶牛、马、绵羊、猪、山羊——在一只饥饿的吸血蝙蝠面前，没有一种温血动物是安全的。

一场血浴

吸血蝙蝠和家畜

地点 中美洲和南美洲

关系状态 血淋淋的关系。吸血蝙蝠鼻子上的传感器，指引着它们飞向最温暖、鲜血最多的受害者，随后吸血蝙蝠就开始忙碌了。它们先用自己的尖牙在猎物身上咬出一个小创口，然后用它们的舌头舔食美餐。吸血蝙蝠唾液中的抗凝剂，能使血液不断流动。失血本身不会给家畜带来多大的伤害——然而，因此引发的致命的感染或疾病并不罕见。

吸血蝙蝠共有三种，不同的吸血蝙蝠所偏爱的食物略有不同。普通吸血蝙蝠什么都吃：鸟、哺乳动物——不都是血吗？白翼吸血蝙蝠似乎挑剔一些，尽管它们既吸食鸟血，也吸食哺乳动物的血，但它们最喜欢的是山羊血。而且它们好像对奶牛有偏见，会尽量避免吸食它们的血。毛腿吸血蝙蝠只吸食鸟类的血液。它们会把自己伪装成一只小鸟，那么鸟妈妈就会伏在小鸟身上，这样鸟妈妈就把它腹部密集的血管暴露在了毛腿吸血蝙蝠面前。它们最喜欢吸食的是母鸡的血液，对它而言，小鸡往后伸的肥肥的脚趾中的血液，是一种美味的选择。

要点 它们的双手、鼻子、牙齿、舌头上都沾满了鲜血。

话题

吸血动物

世间有许多“吸血鬼”

七鳃鳗 3.6亿年来，一直在河流和湖泊中吸血。

吸血蛾 长着形似中空针管的喙部。

寄生鲶 这种“牙签鱼”以闪电般的速度，通过大鱼的动脉，进入它们的鱼鳃中。

水蛭 长着2张嘴巴、3个下巴、5对眼睛，还有一个宽大的腹部，能容纳比自身体重重好几倍的血。

吸血雀 吸食毫无戒备的蓝脚鲣鸟的血。

跳蚤 如果人类的弹跳能力和跳蚤一样厉害，那么我们就能跳约48米高、91米远了。

蚊子 臭名远播，备受嫌恶。

虱子咬住了你的舌头

食舌等足目动物和史上最倒霉的鱼

地点 所有海洋中

关系状态 恐怖至极。太恶劣了，简直难以描述。这种长着6条腿的甲壳动物，在一条可怜的鱼儿的嘴巴中做起了文章。它把足部固定在鱼鳃上,把自己安置得稳稳当当的。在安定下来之后，等足目动物开始从鱼儿的舌头中吸食血液。这一令人难受的过程将一直持续，直到鱼的舌头干枯、失去功能，然后死亡。鱼舌最后掉落，留给等足目动物永久定居的完美场所。

只有雌性等足目动物，才会干这样可怕的事。所有的等足目动物在刚出生时，其实都是雄性。它们成群结队地游到一条鱼的鱼鳃中，在那儿长大、成熟——最后，其中一只雄性变成了雌性。这只雌性失去了视力，迅速长大，最后入侵鱼嘴中，并住在里面。

安定下来后，等足目动物以鱼的部分身体为食，特别是血液和黏液。

现在已知的等足目动物有成百上千种之多——谁知道还有多少种等足目动物，是我们尚未发现的。

要点 等足目动物咬住你的舌头了吗?

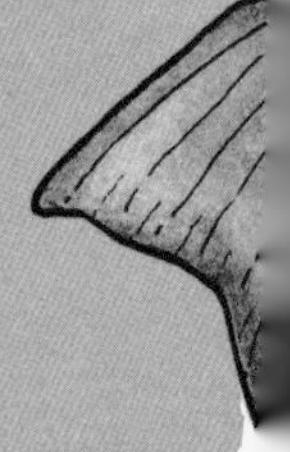

食舌等足目动物（缩头水虱）这类甲壳纲动物常被称为“海虱”，但它们与那些爱在人类头皮中安家的虱子毫无相似之处。这些喜好啃食舌头的小怪物，能长到2.5厘米长，它们给宿主带来的损害和麻烦，可远远不止剃个光头那么简单。等足目动物是一些外骨骼分节的生物（想想生活在土壤中的圆球虫），它们有的生活在陆地上，有的生活在海洋中。这些食舌等足目动物，败坏了其他等足目动物的名声。

入侵者

鱼 快点游开，越快越好！

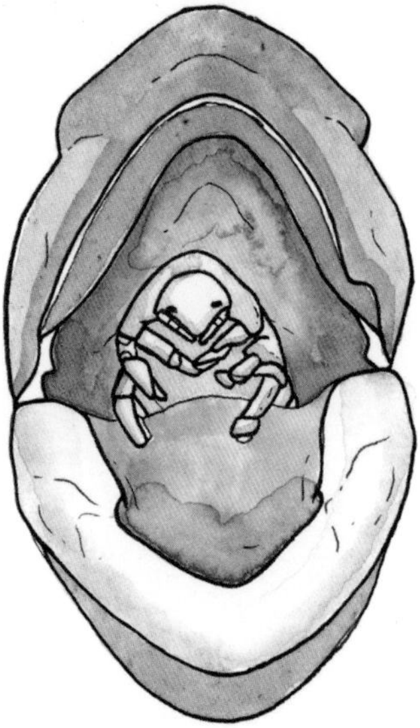

家，甜蜜的家！

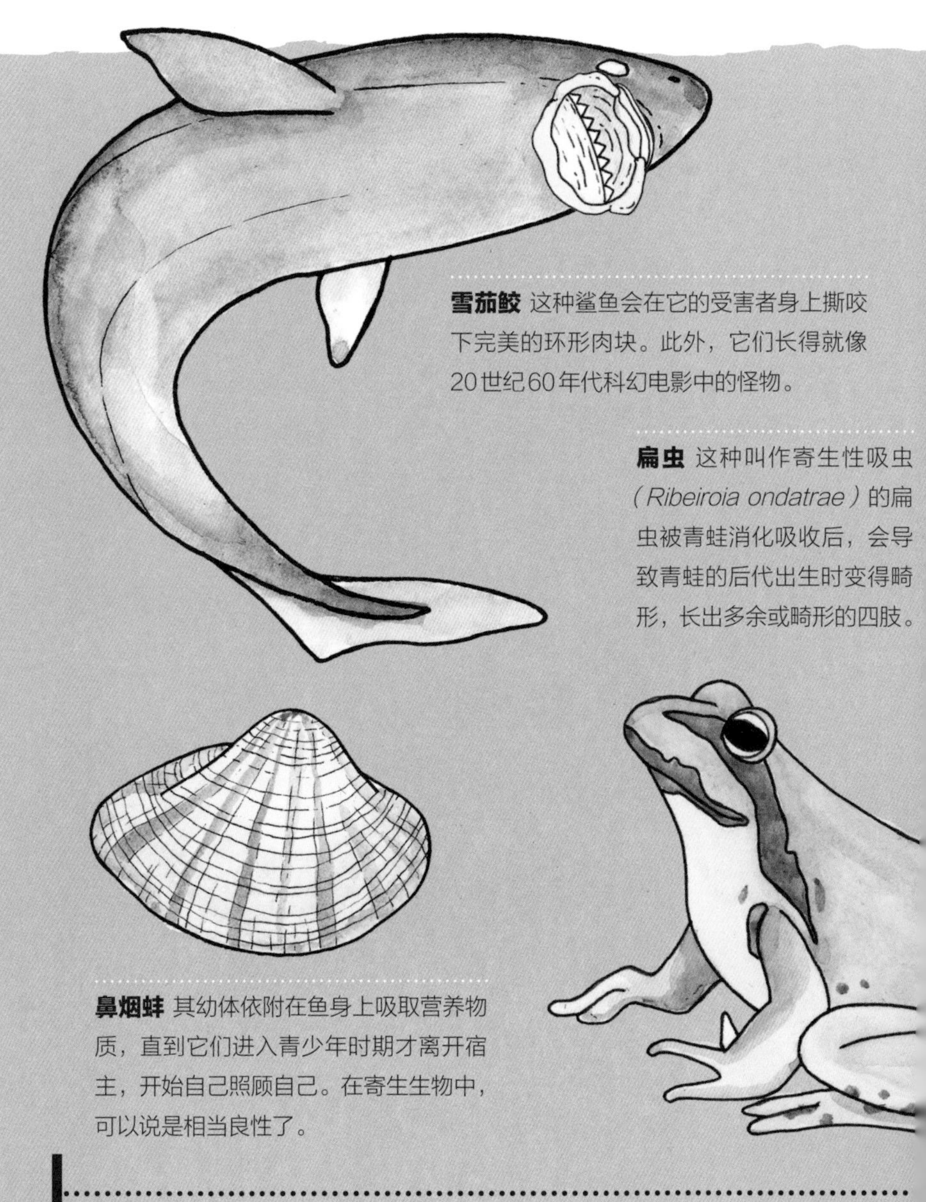

雪茄鲛 这种鲨鱼会在它的受害者身上撕咬下完美的环形肉块。此外，它们长得就像20世纪60年代科幻电影中的怪物。

扁虫 这种叫作寄生性吸虫（*Ribeiroia ondatrae*）的扁虫被青蛙消化吸收后，会导致青蛙的后代出生时变得畸形，长出多余或畸形的四肢。

鼻烟蚌 其幼体依附在鱼身上吸取营养物质，直到它们进入青少年时期才离开宿主，开始自己照顾自己。在寄生生物中，可以说是相当良性了。

尚可忍受

话题

寄生虫

这种寄生虫有多恶心？

臭虫 臭虫能在冰点以下到48℃的环境中生存，它们能不吃不喝地活好几个月。如果你发现你家里有大量臭虫出没，那么你可能不得不烧掉所有东西。

绦虫 它们能在人类的肠道中生活好几十年，长到数十米长。雌绦虫一天最多能产下100万颗卵。

马蝇 这类蝇虫在哺乳动物或人类的皮肤下产卵。不断长大的幼虫，最后会从皮肤下钻出一个类似疖子的创口。随后，一条已经长大的胖乎乎的蛆，会蠕动着从这个创口中钻出来。

破坏家庭者

褐头牛鹂和所有未来的鸟妈妈

地点 北美洲温带、亚热带地区

关系状态 不公平的交易。一到鸟类产卵期，雌性牛鹂就开始窥探正在筑巢的其他鸟类。它在其他鸟类的巢穴周围鬼鬼祟祟、探头探脑地张望，尽量保持低调。它们专等着这些巢中的鸟儿飞离巢穴，然后就乘机在宿主的鸟巢中大搞破坏。它们会毁掉一个或更多鸟蛋——用鸟喙戳穿它们的蛋，或将巢中的鸟蛋扔出去。随后它们会用自己的蛋取而代之。当不知情的鸟巢主人回来后，会把自己暖和的身体趴在牛鹂的蛋上，开始孵化另一个鸟妈妈生的蛋。

这种寄生方式称为“巢寄生”。对牛鹂来说这是个好主意，但对其他鸟类来说太残忍了。牛鹂毁了其他鸟类好不容易产下的蛋；而且，其他鸟类的雏鸟，以后也竞争不过牛鹂的雏鸟。由于牛鹂的蛋卵孵化周期较短，它们的雏鸟往往先被孵化出来，因此它们率先得到了鸟妈妈的喂养。它们长得更快，索要的食物更多，因此在同一窝雏鸟中早早奠定了自己的优势。而且牛鹂妈妈真的会无情拆散别人的家庭：它们会时不时地飞回来看自己的孩子。如果养母除去了擅自放入鸟巢中的牛鹂蛋，牛鹂就会疯狂报复，将那只可怜的鸟儿的巢穴洗劫一番。因此对那位鸟妈妈来说，忍气吞声，将牛鹂视若己出地抚养大，才是最明智的选择。人们把这称为“黑手党”行为。

要点 把你下的蛋放在别人的篮子里。如果别人不接受你的蛋，那就毁了篮子。

其他的鸟妈妈

褐头牛鹂 这种矮胖、嘈杂、愚蠢的黑色鸟儿，在北美的开阔草原上到处游荡，啃食那些被漫步在草原上的家畜赶起来的昆虫。在欧洲人来美洲定居之前，人们更有可能在一群北美野牛的周围发现它们的踪影。而现在，它们往往跟在马群和奶牛群后面。这样一种游牧式的生活方式，对于育雏来说实在太艰难了。因为那些正在产卵的牛鹂妈妈，不可能在一个地方停留太久，没法等到雏儿孵化出来。因此雌性褐头牛鹂没有选择筑巢育雏，而是产下很多很多的蛋。有时，它们在短短一个夏天就产下了超过36个蛋，然后将自己的蛋卵分发给其他种类的鸟妈妈。

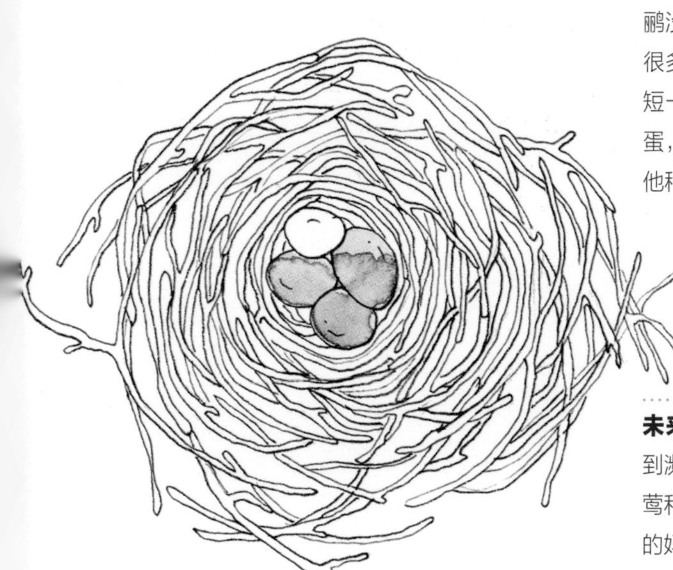

未来的鸟妈妈 从普通的主红雀到濒危的鸣禽——比如黑纹背林莺和黑顶莺雀，共有200种鸟类的妈妈会为此提心吊胆。

致谢

感谢凯特、汉娜·E、卡西、克莱尔、邦尼、马克斯、父亲、母亲、流行音乐和长途步行。

生物共生……

到底在哪儿？

1. 清洁虾和真正干净的鱼
2. 穴居狼蛛和圆点鸣蛙
3. 切叶蚁和环柄菇科真菌
4. 非洲獴和普通疣猪
5. 郊狼和美洲獾
6. 蓝角马和斑马
7. 小丑鱼和海葵
8. 海鳝和蠕线鳃棘鲈
9. 宽吻海豚和伪虎鲸
10. 丝兰蛾和丝兰
11. 夏威夷短尾乌贼和费希尔氏弧菌（生物发光细菌）
12. 克拉克星鸦和美国白皮松
13. 三趾树懒、树懒蛾和藻类
14. 黄金水母和虫黄藻
15. 鼓虾和虾虎鱼
16. 拟态章鱼和其他所有生物
17. 黄腰酋长鹂和斥异胡蜂
18. 远洋白鳍鲨和引水鱼
19. 猪笼草和红蟹蛛

20. 裂唇鱼和三带盾齿鳚

21. 花纹细螯蟹和海葵

22. 犀牛和牛椋鸟

23. 鮟鱇鱼的寄生伴侣

24. 蚂蚁和蚜虫

25. 须鲸和藤壶

26. 黑脉金斑蝶和副王蛱蝶

27. 珍珠鱼和海参

28. 粗皮渍螈和束带蛇

29. 蜂鸟、花螨和希茉莉

30. 海獭、海胆和巨藻

31. 僵尸蚂蚁菌和木匠蚁

32. 金小蜂和美洲大蠊

33. 吸血蝙蝠和家畜

34. 食舌等足目动物和史上最倒霉的鱼

35. 褐头牛鹂和所有未来的鸟妈妈

作者简介

伊利斯 · 戈特利布是一位插画家，也是一位科学爱好者。她从小喜欢收集生物标本和生物活体。现在她仍在继续收集，并一直在记录、研究这些生物。她已经收集了3614颗鲨鱼的牙齿。除了探索神奇的生物世界之外，作为插画师、动画师和图像记录者，她和各家博物馆、出版机构和个人均有合作。她是旧金山探索博物馆修补工作室的专职插画师，也是加利福尼亚奥克兰博物馆的插画师。如果她化身为一只动物，那她一定是在北卡罗莱纳州的森林中漫步的一头鹿。她很爱她的共生伙伴小狗邦尼。这是她的第一部作品。